Next Level Projektmanagement – die Katana-Methode

Jochen Cholin • Yvonne Kraus

Next Level Projekt management – die Katana-Methode

Projekte effizient planen und durchführen

2., aktualisierte und überarbeitete Auflage

Springer Gabler

Jochen Cholin
Köln, Deutschland

Yvonne Kraus
Köln, Deutschland

ISBN 978-3-662-62273-5 ISBN 978-3-662-62274-2 (eBook)
https://doi.org/10.1007/978-3-662-62274-2

Die Deutsche Nationalbibliothek verzeichnet diese Publikation in der Deutschen Nationalbibliografie; detaillierte bibliografische Daten sind im Internet über http://dnb.d-nb.de abrufbar.

Springer Gabler

Springer Gabler ist ein Imprint der eingetragenen Gesellschaft Springer-Verlag GmbH, DE und ist ein Teil von Springer Nature.
Die Anschrift der Gesellschaft ist: Heidelberger Platz 3, 14197 Berlin, Germany

Vorwort

Wer das richtige Werkzeug besitzt, kommt einfacher und schneller ans Ziel. Was sich so selbstverständlich anhört und was viele von uns im Alltag befolgen – sei es bei der Auswahl des Smartphones, einer Uhr oder eines Fahrrads –, scheint im Projektmanagement vollständig außer Kraft gesetzt zu sein. Denn obwohl in vielen Unternehmen Projekte aus dem Ruder laufen und zu Frustration führen, werden selten die vorhandenen Werkzeuge – hier: Methoden – in Frage gestellt. Stattdessen ist immer das Projekt selbst „schuld", wird Einzelnen und nicht der Struktur die Verantwortung gegeben. Die vorliegende Methode soll dies ändern.

Dabei gibt es mittlerweile so viele Methoden zum Projektmanagement, dass man glauben könnte, eine weitere wäre das letzte, was Unternehmen heute brauchen. Manchmal zeugt ein gefühltes Zuviel von etwas jedoch auch davon, dass einfach das genau Richtige bisher noch nicht gefunden wurde. Und so haben wir uns entschlossen, mit der Katana-Methode allen Geschäftsführungen, Projektleitungen und Team Leads ein Werkzeug an die Hand zu geben, das als die eine ganzheitliche Methode besser geeignet ist, Projekte erfolgreich zum Abschluss zu bringen, als ein ganzer Koffer verschiedener Tools.

Als Katana bezeichnet man eine bestimmte Form eines japanischen Langschwerts. Es wird nach genau festgelegten Regeln in einem Zeitraum von mehreren Tagen bis Wochen hergestellt. Im Ergebnis ist es schlicht und vor allem effektiv. Dieser perfektionierte Herstellungsprozess sorgt dafür, dass das Schwert als besonders stabil und belastbar gilt und in jeglicher Situation ein verlässlicher Begleiter ist.

Inspiriert vom japanischen Katana haben wir dieses Schwert als Namenspatron für unsere Methode gewählt. Auch sie bezieht ihre Stärke aus klaren und genauen Regeln, die im Vorfeld des Projekts eingeführt und befolgt werden. Dadurch wird das Mindset aller Beteiligten geändert und die Rahmenbedingungen werden so angepasst, dass während des Projekts der Fokus ganz auf den eigentlichen Aufgaben liegt. Projekte werden so effizienter, transparenter und erfolgreicher, ohne dass das Team während der Arbeit ständig über Werkzeuge nachdenken muss. Denn ein wirklich gutes Werkzeug erkennt man daran, dass man es bei der Arbeit nicht bemerkt.

Die Prinzipien, die wir für die Katana-Methode entwickelt haben, stützen sich auf zusammengerechnet mehr als 30 Jahre Erfahrung in der Projektarbeit, viele davon gemeinsam als Geschäftsführer und Geschäftsführerin eines sehr erfolgreichen mittelständischen E-Commerce-Unternehmens. Auf der Suche nach Möglichkeiten, schneller und agiler als der Wettbewerb zu werden und die Marktführerschaft weiter auszubauen, dabei früher neue Features für unsere Kundschaft auf den Markt zu bringen und gleichzeitig ein modernes und wertschätzendes Arbeitsumfeld zu gestalten, versuchten wir vieles und fanden doch nie das Richtige. Zu viel Kontrolle verprellte ansonsten hoch motivierte Mitarbeiterinnen und Mitarbeiter, zu viel Freiheit ließ den Ernst bei der Arbeit in Vergessenheit geraten. Und ein Mittelmaß aus verschiedenen Richtungen führte zu … Mittelmaß.

Diese Lücke, die aus unserer Sicht bei allen Projektmanagement-Tools und -Methoden nach wie vor herrscht, schließen wir mit dem hier vorgestellten System. Damit werden Projekte schnell, in guter Qualität und zuverlässig durchgeführt. Was sich auf den ersten Blick schon fast zu einfach anhört, ist in Wahrheit genau das System, das bisher fehlte. Den Kern unserer Strategie machen die in diesem Buch vorgestellten fünf Prinzipien aus: *Dinge weglassen*, die stören, für absolute *Transparenz*, *Einfachheit* und *Klarheit* bei allen Beteiligten sorgen und *Erwachsene wie Erwachsene behandeln*.

Dieses Buch bezieht sich – wie der Titel und diese Einführung zeigen – in erster Linie auf Projektmanagement, da die Projektarbeit in modernen

Unternehmen einen großen Teil der Arbeit ausmacht und über Erfolg oder Misserfolg einer Firma entscheiden kann. Selbstverständlich lässt sich das System aber auch in den Arbeitsalltag übertragen, um so die Effizienz und Zufriedenheit auch außerhalb der Projektarbeit zu steigern.

Wie dieses Buch aufgebaut ist

Wir sind davon überzeugt, dass Einfachheit und Transparenz sowie der Fokus auf das Wesentliche der Schlüssel zum Erfolg im Projektmanagement und im Arbeitsumfeld allgemein sind. Dieselben Kriterien haben wir daher auch konsequent bei der Erstellung dieses Buchs angewendet.

Im *ersten Kapitel* schildern wir aus unserer Erfahrung, warum Projekte immer wieder aus dem Ruder laufen und wie sehr Vorstellung und Wirklichkeit in der Projektwelt auseinanderklaffen. Außerdem stellen wir die drei wichtigsten Einflussfaktoren vor, die dafür sorgen, dass Projekte länger dauern als erwartet oder zu Konflikten und Schwierigkeiten führen. Nicht alle Punkte kann man unter die eigene Kontrolle bringen. Aber zu wissen, welche Faktoren in der Projektarbeit kritisch werden können, ist wichtig, um den Blick auf das Wesentliche zu lenken.

Im *zweiten Kapitel* stellen wir unsere fünf Prinzipien für gelungenes Projektmanagement vor und erklären Ihnen, wie Sie diese im Projekt gewinnbringend einsetzen. Wenn Sie wenig Zeit haben und am liebsten direkt loslegen wollen, können Sie sofort zu Kapitel 2 springen.

Das *dritte Kapitel* erklärt Ihnen, wie unsere Methode konkret eingesetzt wird, und illustriert anhand eines Beispiels ihre Wirkungsweise. Kapitel 4 widmet sich einem Thema, das immer aktueller wird: Hier erfahren Sie, wie Sie die Katana-Methode auch dann anwenden können, wenn einzelne oder mehrere Ihrer Mitarbeiter remote arbeiten. Abschließend ziehen wir ein Fazit.

Im Buch finden Sie etliche Vorlagen und Arbeitsblätter, die Ihnen die praktische Anwendung unseres Systems erleichtern. Unter https://www.springer.com/de/book/9783662622735 können Sie sich die Vorlagen kostenlos herunterladen.

Für ganz Eilige hält dieses Buch eine Besonderheit bereit: die Management Summarys zu Beginn jedes größeren Unterkapitels. Diese fassen die wichtigsten Punkte so zusammen, dass Sie einen guten Überblick über die Methode gewinnen und genau da in die Details einsteigen können, wo Ihre eigene Projektsituation es erfordert. Auf diese Weise sparen Sie noch mehr Zeit für das Wesentliche: Ihre Projektarbeit.

An wen sich dieses Buch richtet

Dieses Buch ist aus der Praxis heraus entstanden, und es richtet sich an alle, die Projekte, Teams oder Unternehmen leiten. Wenn Sie keine Lust mehr auf gerissene Deadlines und unkontrollierbare Projekte haben und eine effiziente Projektmanagement-Methode für Ihr Unternehmen oder für Ihr Projekt suchen, ist dieses Buch das richtige für Sie. Aus diesem Grund ist es bewusst kürzer gehalten als viele andere Bücher zu ähnlichen Themen. Wir wissen, dass unsere Leserinnen und Leser nicht wochenlang Zeit mit einem Buch zum Projektmanagement verschwenden wollen, sondern lieber direkt in die Praxis einsteigen möchten. Daher haben wir alles Überflüssige weggelassen und bleiben zwar so ausführlich wie nötig, dabei aber so kurz wie möglich. Denn Projekte schneller durchzuführen bedeutet ganz klar auch, möglichst schnell und effizient in die eigentliche Arbeit einzusteigen.

Köln, Deutschland

Jochen Cholin
Yvonne Kraus

Inhaltsverzeichnis

1 Vorstellung und Wirklichkeit 1
1.1 Projekte verlaufen immer anders als geplant 2
1.2 Menschlicher Faktor 6
1.2.1 Die verschiedenen Charaktere im Team 8
1.2.2 Delegationsfähigkeit 13
1.2.3 Ausfall durch Krankheit und Kündigung 14
1.2.4 Innerer Widerstand und Effizienz 14
1.2.5 Persönliche Zielsetzungen 15
1.3 Rahmenbedingungen 16
1.3.1 Unternehmenskultur 17
1.3.2 Soziale Beziehungen 18
1.3.3 Gesellschafterstruktur 19
1.3.4 Position im Markt 19
1.3.5 Firmengeschichte 20
1.4 Komplexität 21
Literatur 25

2 Eine einfache Methode für besseres Projektmanagement in fünf Prinzipien 27
2.1 Prinzip 1: Unnötiges weglassen 28
2.1.1 Unnötiges weglassen bei den Rahmenbedingungen 30

2.1.2 Unnötiges weglassen in der Kommunikation 32
2.1.3 Unnötiges weglassen im Projekt-Verlauf 33
2.1.4 Unnötiges weglassen in der eigentlichen Arbeit 35
2.2 Prinzip 2: Transparenz 36
2.2.1 Was ist mit absoluter Transparenz gemeint? 37
2.2.2 Wie Sie in Ihrem Projekt vollständige Transparenz erreichen können 40
2.2.3 Transparenz und Kontrolle 43
2.3 Prinzip 3: Einfach mal machen 44
2.3.1 Die Netto-Arbeitszeit 47
2.3.2 Unterbrechungsfreies Arbeiten 47
2.3.3 Umgang mit Fehlern 49
2.3.4 Einfach mal machen vs. „könnte, müsste, sollte" 50
2.3.5 Produktive Arbeitsatmosphäre 51
2.4 Prinzip 4: Klarheit 52
2.4.1 Klarheit in der Kommunikation 54
2.4.2 Klarheit in den Strukturen 56
2.4.3 Erwartungen müssen von Anfang an geklärt werden. 58
2.4.4 Schwierigkeiten mit Klarheit 58
2.5 Prinzip 5: Erwachsene wie Erwachsene behandeln 61
2.5.1 Rechte gehen immer mit Verantwortung einher 62
2.5.2 Individuelles Commitment 63
2.5.3 Accountability 64
2.5.4 Ernsthaftigkeit 65
2.5.5 Angemessene Rücksichtnahme 66
2.5.6 Zuversicht einfordern und verbreiten 67
Literatur 69

3 Die fünf Prinzipien in der Anwendung 71
3.1 Was können Sie noch vor Projekt-Beginn für ein erfolgreich verlaufendes Projekt tun? 73
3.1.1 Implementierung der Prinzipien „Unnötiges weglassen" und „Einfach mal machen" 73
3.1.2 Implementierung des Prinzips „Transparenz" 76

3.1.3 Implementierung der Prinzipien „Klarheit“ und „Erwachsene wie Erwachsene behandeln“ 78
3.1.4 Gewünschter Qualitätsstandard des Projektes 80
3.2 Was müssen Sie bei der inhaltlichen Planung beachten? 84
3.2.1 Projekt-Vision formulieren 85
3.2.2 Ideen sammeln und generieren 86
3.2.3 Vorhandene Ideen bündeln 87
3.2.4 Stakeholder-Interviews durchführen und zusammenfassen 88
3.2.5 Internes Crowdsourcing und Selbst-Marketing 89
3.2.6 Projektziel 91
3.2.7 Finale Ideenauswahl 91
3.2.8 Zeitliche Planung 94
3.2.9 Kriterien für Projekterfolg festlegen 95
3.2.10 Planung zum Projektbeginn 96
3.2.11 Planung im weiteren Projekt-Verlauf 97
3.3 Was müssen Sie bei der Durchführung des Projektes beachten? 97
3.3.1 Niemand weiß, woran man gerade ist 98
3.3.2 Alles dauert länger 98
3.3.3 Informationen kommen zu spät an die relevanten Stellen 99
3.4 Was müssen Sie zum Projektabschluss und bei der Nachbereitung beachten? 99

4 Projekte effizient durchführen im Home- und Mobile Office: Die Katana-Methode im digitalen Zeitalter 103
4.1 Unnötiges weglassen: Ablenkungen nicht neu entstehen lassen 104
4.2 Transparenz: Wissen, was passiert 108
4.2.1 Befüllen der Projektmanagement-Tools zur Ermöglichung von Transparenz 109
4.2.2 Nutzen der Projektmanagement-Tools, um selbst den Überblick zu behalten 110
4.3 Einfach mal machen: Die Umsetzung immer im Blick 111

4.4 Klarheit: Wie Sie auch aus der Ferne den Überblick behalten 112
4.4.1 Digital klar kommunizieren – worauf Sie achten müssen 113
4.4.2 Digitale Strukturen aufbauen 116
4.5 Erwachsene wie Erwachsene behandeln: Vertrauen ist der Schlüssel 117

5 Fazit 121

Über die Autoren

Jochen Cholin, Jahrgang 1976, baute in seiner Funktion als Geschäftsführer ein erfolgreiches E-Commerce-Unternehmen vom Start-up zum soliden Mittelständler aus. Der Schwerpunkt seiner Tätigkeit lag in den letzten 10 Jahren auf Themen wie agilen Arbeitsmethoden, Organisationsentwicklung und digitaler Transformation. Seit 2018 coacht und berät er Start-ups und E-Commerce-Unternehmen. Er lebt mit seiner Familie in Köln.

Yvonne Kraus, Ebenfalls Jahrgang 1976, blickt auf Berufserfahrung in der Management-Beratung und im E-Commerce zurück. Als Geschäftsführerin eines mittelständischen Unternehmens lag ihr Schwerpunkt unter anderem auf Projektcontrolling und Analytics sowie auf Change Management. 2018 gründete sie die Online-Lernplattform nachgeholfen.de. Sie lebt mit ihrem Mann in Köln.

1

Vorstellung und Wirklichkeit

Zusammenfassung Wer schon mal in einem Projekt mitgearbeitet hat, hat wahrscheinlich die Erfahrung gemacht, dass Projekte immer anders verlaufen als geplant. Die Ursachen hierfür sind vielfältig und nur bedingt beherrschbar. Die wichtigsten Gründe, weswegen Projekte immer wieder aus dem Ruder laufen, ähneln sich. Der häufigste ist der menschliche Faktor, denn schließlich arbeiten in einem Projekt-Team immer viele sehr unterschiedliche Menschen mit verschiedenen Vorstellungen und Zielsetzungen zusammen. Daneben findet jedes Projekt innerhalb von unternehmerischen und gesellschaftlichen Rahmenbedingungen statt, an die sich das Projekt anpassen muss. Der dritte wichtige Faktor, der dazu führt, dass Vorstellung und Wirklichkeit bei Projekten meist weit auseinanderliegen, ist die häufig unterschätzte Komplexität von Projekten. Hierzu tragen auch Projektmanagement-Methoden bei, die ihre Anwender glauben lassen, dass sie Komplexität nicht nur begreifbar machen, sondern sie sogar reduzieren – was in Wirklichkeit aber nicht möglich ist.

J. Cholin, Y. Kraus, *Next Level Projektmanagement – die Katana-Methode*,
https://doi.org/10.1007/978-3-662-62274-2_1

1.1 Projekte verlaufen immer anders als geplant

Management Summary

Projekte haben eigentlich alles, was sich Kunden, Mitarbeiter und Unternehmen wünschen: Anspruchsvolle, abgeschlossene Aufgaben führen zu einem höheren Wert für alle Beteiligten. Viele Projekte scheitern jedoch an der Realität. Deadlines werden gerissen, Kosten übertreffen die schlimmsten Befürchtungen und dass die Vorstellungen darüber, was der Wert des Projekts sein sollte, auseinandergehen, merkt man häufig erst viel zu spät. Gescheiterte Projekte haben dabei weitreichende Folgen. Markt-Chancen werden verpasst, Mitarbeiter sind frustriert und der Ruf von Projekten im Unternehmen leidet.

Die idealtypische Vorstellung von Projekten (Menschen mit unterschiedlichen Kompetenzen arbeiten gemeinsam in einem fest abgesteckten Rahmen an einem großen Ziel) wird selten erreicht. Denn Projekte finden nicht im luftleeren Raum, sondern in einer sich ständig ändernden und komplexen Welt statt. Unwägbarkeiten gehören zu Projekten genauso dazu wie Neuerungen am Markt und die eigentlich unmögliche Aufgabe, die anfallende Arbeit und erforderliche Zeit in großen Projekten im Vorfeld realistisch einzuschätzen.

Drei Faktoren entscheiden meist über Gelingen oder Scheitern von Projekten: der menschliche Faktor, die Rahmenbedingungen, unter denen das Projekt stattfindet, und die Komplexität, der sich das Projekt-Team in der täglichen Arbeit stellen muss.

Die folgende Geschichte könnte in jedem Unternehmen stattfinden, egal ob kleines Start-up, solider Mittelständler oder internationaler Konzern. Wir selbst haben sie so ähnlich während unseres Berufslebens immer wieder erlebt. Sie gehört so sehr zum Alltag der meisten Firmen, dass viele Mitarbeiterinnen und Mitarbeiter denken, ein solcher Ablauf sei normal.

Beispiel: Ein neuer Markt wird erschlossen

Stellen Sie sich vor, Sie sind Teil der Geschäftsführung der OurWorld GmbH. Ihr Unternehmen importiert als Marktführer der Branche fair produzierte Kleidung und vertreibt diese unter eigenem Label in Partnerläden in Deutschland sowie über eine deutschsprachige Website. Sie waren einer der Ersten am Markt, das Geschäft läuft gut, Sie wissen aber auch, dass die Konkurrenz nicht schläft. Um nachhaltig den Unternehmenserfolg zu sichern, beschließen Sie, dass es an der Zeit ist, Ihr Geschäft auszuweiten. Sie haben Marktstudien gelesen, mit Fachleuten gesprochen, sich selbst vor Ort ein Bild gemacht und sind nun wild entschlossen, den englischsprachigen Markt zu erobern. Was liegt also näher, als ein Projekt in genau diesem Bereich zu starten?

Eine Projektleitung ist schnell gefunden, schließlich verspricht dieses Projekt Verantwortung, Abwechslung, Prestige und nicht zuletzt Karrieremöglichkeiten. Die Planungsphase beginnt und das Projekt-Team bildet sich aus internen und externen Experten und Expertinnen. Nach drei Wochen steht die Planung: In neun Monaten soll der Online-Shop inklusive benötigter Logistik stehen sowie alle notwendigen Lieferantenverträge unterschrieben sein.

Ihre spontane Reaktion: Entsetzen. Nicht nur sind bereits drei Wochen ins Land gegangen, ohne dass sich etwas am aktuellen Projektstand geändert hätte. Elf Menschen waren mit der Planung eines Projekts beschäftigt, das Ihrer Meinung nach nicht mehr als zwölf Wochen in Anspruch nehmen dürfte.

Doch die Projektleitung schafft es, Sie zu überzeugen. Es fehlen noch wichtige Informationen über den Markt, einige der Spezialistinnen und Spezialisten, die Sie benötigen werden, sind noch in anderen Projekten eingebunden, die ebenfalls nicht vernachlässigt werden sollen, und es müssen außerdem rechtliche und vertragliche Punkte geklärt werden. Zähneknirschend stellen Sie sich darauf ein, dass Sie mit Ihrer ursprünglichen Prognose ziemlich danebenlagen.

Während der nächsten Monate finden wöchentliche Meetings statt, in denen Sie sich auf den aktuellen Stand des Projekts bringen lassen. Alles läuft nach Plan. Zwar kann man anfangs noch nicht wirklich etwas sehen, aber das Projekt-Team versichert Ihnen, dass es genau dort steht, wo es stehen sollte. Nach sechs Monaten soll der erste Prototyp präsentiert werden, doch ein Treffen vorher erfahren Sie, dass dies wahrscheinlich nicht machbar sein wird. Zwei Mitarbeiter waren lange krank, eine vertragliche Frage ist noch nicht geklärt und sowieso war die Planung zu ehrgeizig.

Spätestens an diesem Punkt werden Sie hellhörig. Wenn das Projekt jetzt schon aus dem Zeitplan läuft, wird es schwierig, die finale Deadline zu halten, und damit könnten Sie das für Ihr Unternehmen so wichtige Weihnachtsgeschäft verpassen. Das Team versteht die Problematik, weiß aber auch keine Antworten auf die aktuellen Probleme, und sowieso war ja nie von einer Deadline, sondern nur von einer Schätzung die Rede. Und so weit in die Zukunft kann schließlich niemand planen, irgendetwas geht ja immer schief.

Trotz der Rückschläge ist das Team weiterhin motiviert, so schnell wie möglich zumindest einen Prototyp zu liefern, und auch Sie wollen nicht untätig herumsitzen. Sie stellen weniger wichtige Projekte im Unternehmen zurück und setzen somit weitere Arbeitskräfte für die englischsprachige Website frei. Das Team beginnt sofort damit, die Kolleginnen und Kollegen in die Arbeit einzuweisen, und für zwei Wochen steht das Projekt komplett still. Doch alle sind zuversichtlich, dass mit vereinten Kräften der Prototyp nach neun Monaten wirklich fertig ist.

Natürlich hat diese Geschichte kein Happy End. Wenn Sie je in größeren Projekten mit mehr als drei oder vier Menschen gearbeitet haben, haben Sie sicher bereits Ähnliches erlebt. Denn fast nirgends klaffen in der Arbeitswelt idealtypische Vorstellungen und die Realität so weit auseinander wie in der Projektarbeit. Dabei hat ein Projekt eigentlich alles, was sich Unternehmen, Mitarbeiter und Kunden wünschen können: Teams aus Spezialistinnen und Spezialisten arbeiten gezielt und fokussiert an der Lösung eines ganz konkreten Problems. Neue Produkte werden entwickelt, Features bereitgestellt und Verbesserungen implementiert. Davon hat jeder etwas. Kunden und Kundinnen können genau auf ihre Bedürfnisse zugeschnittene Produkte und Dienstleistungen kaufen, das Unternehmen macht mehr Gewinn und die Arbeit in Projekten ist abwechslungsreich, fordernd und macht Spaß. Kein Wunder also, dass „Lasst uns da mal ein Projekt draus machen“ so verlockend klingt.

Die Wahrheit sieht aber ganz anders aus. Man muss gar nicht zum Berliner Flughafen schauen, um zu wissen, dass Projekte oft anders verlaufen als gedacht. In jedem Unternehmen gibt es das eine (manchmal auch mehrere) sagenumwobene Projekt, bei dem alles schiefging, was schiefgehen konnte. Gerissene Deadlines, Qualitätsmängel und gravierende Fehler, die das Projekt kurz vor Abschluss wieder ganz an den Anfang zurückwerfen, führen dazu, dass das Projekt am Ende ein Desaster wird und nur noch als schlechtes Beispiel dienen kann. Davon abgesehen tragen misslungene Projekte immer zur Demotivation des gesamten Teams bei und können sogar dazu führen, dass gute Mitarbeiterinnen und Mitarbeiter sich woanders umschauen – auch, wenn es dort nicht wirklich besser läuft.

Wahrscheinlich hat wirklich jeder, der Erfahrung in der Projektarbeit hat, solche „Katastrophenprojekte“ bereits erlebt und weiß, wovon wir hier sprechen. Dabei könnte es doch so einfach sein: Jemand wünscht sich ein neues Feature für eine Software, einen Prototyp für ein Produkt, einen Büro-Umzug oder die Umstellung auf eine andere Art der Produktion. Da es sich um eine in sich abgeschlossene Tätigkeit mit einem definierten Anfang und Ende handelt, für das Kompetenzen aus verschiedenen Bereichen erforderlich sind, ruft man schnell ein Projekt ins Leben. Die Anforderungen sind ebenfalls klar: Das Ganze soll so schnell wie möglich in der bestmöglichen Qualität abgeschlossen werden. Natürlich weiß jeder, der an einem Projekt beteiligt ist, dass man entweder bei der Zeit oder bei der Qualität Abstriche machen muss. Aber auch dafür ist ein Projekt-Team da: eine möglichst verlässliche Einschätzung darüber zu geben, was bis wann realistischerweise zu schaffen ist.

Leider stimmt diese Einschätzung fast nie. Und wenn sie nicht stimmt, dann ist sie im Normalfall deutlich zu optimistisch. Trotz erfahrener Projektmanager und Projektmanagerinnen und immer wieder neuer Tools zum Projektmanagement hat bisher niemand dieses Problem wirklich nachhaltig gelöst: Wie kann ein Projekt-Team es schaffen, die erforderliche Arbeit und Zeit realistisch einzuschätzen und Pläne im vorgesehenen Zeitraum umzusetzen? Und wie geht man mit Unwägbarkeiten um? Wie reagiert man auf Neuerungen am Markt, die sinnvollerweise noch in die Projektplanung einfließen sollen?

Eigentlich kann man sich schon darüber wundern, dass überhaupt noch Projekte durchgeführt werden. Denn was am Anfang so verlockend klingt – ein Team aus Spezialistinnen und Spezialisten arbeitet gemeinsam an einem in sich abgeschlossenen Thema und bringt so das Unternehmen ein gutes Stück weiter – führt in der Realität oft zu Frustration und manchmal sogar zu Resignation.

Wohin man schaut, Projekte führen auf allen Seiten zu Unzufriedenheit, enttäuschten Erwartungen und aus dem Ruder laufenden Zeit- und Kostenplanungen. Spaß und Erfolg bei der Arbeit sehen sicherlich anders aus. Stattdessen wird Projektarbeit zum Hinterherlaufen hinter einmal gesetzten Erwartungen.

Doch woran liegt das? Warum funktionieren Projekte nie so, wie man es ursprünglich geplant hatte? So einfach, wie man es sich vor jedem Projekt aufs Neue wünscht, ist es in der Realität natürlich nie. Wir haben bei der Arbeit in zahlreichen Projekten drei Faktoren identifiziert, die aus unserer Sicht entscheidend dazu beitragen, Projekte immer wieder scheitern zu lassen – oder sie zumindest so sehr vom Plan abzubringen, dass sie nur noch schwierig unter Kontrolle zu bringen sind.

Dies ist zunächst – und besonders wichtig – als erster Faktor *der menschliche Faktor*, denn überall, wo Menschen zusammenarbeiten, gibt es Dinge, die sich nicht planen lassen und auf die man notfalls schnell reagieren können muss.

Daneben verfügt jedes Unternehmen über ganz individuelle *Rahmenbedingungen*, die den Interessen des Projekt-Teams teilweise entgegenstehen können und so den zweiten Faktor ausmachen, der den Projekterfolg beeinflusst.

Außerdem sind Projekte ab einer bestimmten Größe immer von *Komplexität*, dem dritten Faktor, geprägt. Diese führt dazu, dass man die Realität des Projekts nicht genau abbilden, teilweise nicht einmal wirklich verstehen kann.

Wer Projekte erfolgreich durchführen und umsetzen will, muss diese drei Einflussfaktoren verstehen und in den Griff bekommen. Im Folgenden erklären wir, inwiefern Projekte durch diese Faktoren in Mitleidenschaft gezogen werden. In Kapitel 2 des Buchs stellen wir dann die fünf Prinzipien vor, die dafür sorgen werden, dass Sie trotz der Unwägbarkeiten, die das Unternehmensleben mit sich bringt, erfolgreich und zuverlässig Projekte planen und abschließen können. Im 3. Kapitel zeigen wir schließlich, wie die Prinzipien ganz konkret im Projektalltag eingesetzt werden.

1.2 Menschlicher Faktor

Management Summary

Jedes Team besteht aus mehreren Menschen, die teilweise noch nicht zusammengearbeitet haben. Sie unterscheiden sich durch ihre Fähigkeiten, ihre Charaktereigenschaften, die Einstellung zum Projekt und durch ihre individuellen Ziele.

Wir unterscheiden in diesem Buch sechs verschiedene Mitarbeiter-Typen: den Superstar, den Pedanten, den Techie, den Seelsorger, den Ehrgeizigen und den Unwilligen. Jeder dieser Typen hat eigene Stärken und Schwächen und findet in anderen Aufgabenstellungen Befriedigung. Als Projektleitung können Sie zwar schnell erkennen, wer zu welchem Typus gehört, aber Sie haben keinen Einfluss darauf und können Ihre Team-Mitglieder nicht verändern.

Aus diesem Grund ist der menschliche Faktor für das Gelingen von Projekten der relevanteste – und auch derjenige, der sich am schlechtesten planen oder kontrollieren lässt. Stattdessen wollen wir mit unserem Ansatz das Bewusstsein dafür schärfen, dass Projekte immer von Individuen abhängig sind, die durch ihre Eigenschaften und persönlichen Ambitionen das Projekt entscheidend mitgestalten.

Der menschliche Faktor lässt sich am ehesten für das Projekt nutzen, indem man ihn akzeptiert und respektiert: Eine sinnvolle Kombination verschiedener Charaktertypen, gute Arbeitsbedingungen, das Anerkennen unterschiedlicher Persönlichkeiten und das Einräumen von Spielräumen zur Erreichung persönlicher Ziele können dazu beitragen, dass alle am selben Strang ziehen und das Projekt erfolgreich abschließen.

Projekte werden selten von nur einer Person ausgeführt, sondern benötigen aufgrund des Projekt-Umfangs immer ein ganzes Team mit zumeist unterschiedlichen Qualifikationen. Und die Bandbreite unterschiedlicher Charaktere und der damit verbundenen verschiedenartigen Arbeitsweisen ist nahezu unendlich vielfältig.

Daher ist nach unserer Einschätzung der menschliche Faktor beim Gelingen eines Projekts der entscheidende Faktor. Die technische Komplexität bei der Umsetzung eines Projekts ist oftmals immens, aber niemals so groß wie die Komplexität beim Aufeinandertreffen verschiedener Menschen, die eine gemeinsame Aufgabe erledigen sollen. Denn natürlich kommt ein Projekt-Team in erster Linie zusammen, um ein Projekt durchzuführen. Gleichzeitig verfolgt aber auch jeder Mitarbeiter und jede Mitarbeiterin mit der Arbeit im Projekt persönliche Ziele (zum Beispiel den Wunsch nach Karriere, Anerkennung und Bestätigung, das Erlernen einer neuen Fertigkeit oder die „Flucht" vor einer langweiligen Alternativ-Aufgabe), die den Zielen der anderen oftmals entgegenstehen. Dieses Umstands sollte man sich bewusst sein, damit man die damit verbundenen Schwierigkeiten bei der Planung und Durchführung eines Projekts und bestenfalls schon bei der Einstellung der Mitarbeiter und Mitarbeiterinnen ausreichend berücksichtigt.

Wenn wir ganz ehrlich sind, wissen wir jedoch, dass man bei den stark spezialisierten Fachkräften, die die technisierte und digitalisierte (Arbeits-)Welt erfordert, schon froh ist, wenn man Mitarbeiterinnen und Mitarbeiter findet, die zumindest fachlich einigermaßen gut auf die Stelle passen. Die meisten Firmen haben nicht den Luxus wie Google & Co., dass sie über deutlich mehr qualifizierte Bewerber und Bewerberinnen verfügen, als sie brauchen, und sich daher erlauben können, auch noch umfassend nach passenden Soft Skills auswählen zu können.

1.2.1 Die verschiedenen Charaktere im Team

In einem Team kommen längst nicht alle Mitglieder gut miteinander aus, und im zeitlichen Verlauf eines Projekts verändern sich auch beständig die einzelnen Beziehungen der Team-Mitglieder zueinander. Die vier Phasen beim Teambuilding nach Tuckman (1965), die jedes neu zusammengesetzte Team durchläuft, bevor es seine volle Leistung entfalten kann, sind den meisten sicherlich geläufig, daher hier nur noch mal in aller Kürze:

1. Orientierungsphase der Teambildung (Forming)
2. Konfliktphase der Teambildung (Storming)
3. Organisationsphase der Teambildung (Norming)
4. Integrationsphase der Teambildung (Performing)

Bei jedem neuen Projekt, bei dem auch das Team neu zusammengesetzt oder auch nur ergänzt wird, startet dieser Prozess von vorne. Damit ein Team überhaupt die wichtige Performing-Phase erreichen kann, muss es alle Phasen durchlaufen, auch wenn dies nicht immer angenehm für die Beteiligten ist und Zeit kostet.

Ähnlich wie dieses Muster wiederholen sich auch die verschiedenen Typen von Menschen, die einem immer wieder begegnen. Wir möchten an dieser Stelle ein paar davon exemplarisch und absichtlich teils überzeichnet aufzeigen und dabei kurz die Fragen beantworten, wie dieser Typ arbeitet, welche Ziele er dabei verfolgt und wie man diesen Typus am besten einsetzen kann.

Anmerkung zur Typologie: Obwohl wir uns im gesamten Buch um eine gendergerechte Sprache bemühen, beschreiben wir die einzelnen Typen in der männlichen Form. Frauen können natürlich ebenso Superstar, Pedantin, Techie, Seelsorgerin, Ehrgeizige oder Unwillige sein.

1.2.1.1 Der Superstar

Der Superstar hat schon früh gemerkt und immer wieder gehört, dass er extrem talentiert ist auf seinem Gebiet – was auch zu 100 Prozent stimmt.

Er liebt seine Arbeit und hat vor allem Spaß daran, immer neue Dinge umzusetzen in möglichst kurzer Zeit. Er ist sehr schnell, aber nicht immer besonders genau und diszipliniert. Hinter ihm aufräumen oder seine Fehler korrigieren, überlässt er lieber anderen. Lange an einer Sache zu sitzen, langweilt ihn schnell, er wird anfangen, sich selbst mit neuen Sachen zu beschäftigen. Und wenn das Projekt keine neuen Herausforderungen für ihn bereithält, wird er sich mit irgendetwas Neuem beschäftigen, das dann nichts mehr mit dem Projekt zu tun hat. Dies ist natürlich aus Sicht des Projektleiters nicht akzeptabel, aber entspricht der Neigung des Superstars.

Ein großer Vorteil ist, dass der Superstar aufgrund seiner Neigung Dinge sehr schnell umsetzt, um sehr schnell etwas Neues anfangen zu können. Gewissenhaftigkeit geht also nicht damit einher, aber so jemand kann aufgrund seiner Arbeitsweise für Dynamik im Team sorgen und bei der Umsetzung beispielsweise gut für Prototyping eingesetzt werden.

Den Feinschliff müssen dann allerdings andere übernehmen, weil der Superstar sich mit solchen Aufgaben langweilt und auch nicht besonders gut darin ist. Mit diesen Menschen sollte man immer offen darüber sprechen, dass man versuchen wird, ihren Neigungen gerecht zu werden, aber gleichzeitig auch einen Mindeststandard an Qualität vereinbaren.

1.2.1.2 Der Pedant

Der Pedant verspürt bei all seinem Tun den inneren Wunsch, immer alles korrekt und zu 100 Prozent richtig zu machen. Halbe Sachen oder gar schnelles Prototyping gehen ihm so sehr gegen die eigene Natur, dass er dazu eigentlich nicht fähig ist und nicht für entsprechende Aufgaben eingesetzt werden sollte.

Bei vielen Aufgaben ist weder ein schneller Entwurf noch 100-prozentiger Perfektionismus mit völliger Fehlerfreiheit gefragt, sondern man braucht solide 80 Prozent ohne das zeitraubende Schleifchen am Ende. Gerade als ausgleichendes Element zu einem Superstar im Team können Pedanten aber sehr hilfreich sein, um eine ausreichend gute Lösung zu entwickeln.

1.2.1.3 Der Techie

Technisch brillant, aber im zwischenmenschlichen Umgang ein etwas schwieriger Kollege. Gerade empathischen Menschen fällt die Zusammenarbeit mit einem echten Techie schwer, denn man versucht sich auf die Person einzulassen, stößt dabei aber schnell an seine eigenen Grenzen.

Einen solchen Techie im Team zu haben kann Gold (und damit viel Geld) wert sein, trotz der zwischenmenschlichen Herausforderungen. Eine große Freude kann man diesem Typus bereiten, wenn man ihm einen technisch gut ausgestatteten Arbeitsplatz und eine state-of-the-art-gemäße Arbeitsumgebung bietet. In den meisten Teams gibt es eine Person, die ganz gut mit einem „Nerd" kann, und dieser Person kann man dann einen Großteil der Kommunikation überlassen.

1.2.1.4 Der Seelsorger

Der Seelsorger weiß, dass in Teams nicht einfach Mitarbeiter sitzen, sondern Menschen mit Wünschen, Zielen und Problemen. Er ist die natürliche Anlaufstelle für alle, die Schwierigkeiten im Zwischenmenschlichen haben oder auch dem Druck im Projekt zeitweise nicht standhalten können. Der Seelsorger ist ein hervorragender Netzwerker, sodass es für ihn immer ein Leichtes ist, die richtigen Leute zusammenzubringen und ihnen eine möglichst harmonische Arbeitsumgebung zu schaffen.

Mit einem Seelsorger im Team können Differenzen leicht überbrückt werden. Er kann auch als „Übersetzer" für den Techie dienen. Mehr als einen Seelsorger im Team sollte man jedoch auf keinen Fall haben, weil die harmonische Arbeitsumgebung sonst schnell dazu führt, dass die eigentliche Arbeit in den Hintergrund rückt. Diese Gefahr besteht auch dann, wenn der Seelsorger sich nur noch um das Wohl der Kollegen kümmert und so gar nicht mehr selbst zum Arbeiten kommt. Ein Pedant im Team kann dabei helfen, dass es bei einem gesunden Maß bleibt.

1.2.1.5 Der Ehrgeizige

Der Ehrgeizige zieht ähnlich wie der Superstar sehr viel Befriedigung aus seiner Arbeit, allerdings nicht aus den Aufgaben, sondern aus dem damit verbundenen Prestige und den Aufstiegsmöglichkeiten.

Das wichtigste Ziel für den Ehrgeizigen ist nämlich seine Karriere. Ähnlich wie der Superstar kann dieser Typus das Team insgesamt sehr pushen und nach vorne bringen, damit allerdings kann er in übermäßiger Form auch für große Unzufriedenheit im Team sorgen. Seine treibende Kraft kann sich maßgeblich auf den Erfolg des Projekts auswirken und damit nicht nur zu seinem Erfolg, sondern auch zum Erfolg für das ganze Team werden. Er darf es jedoch nicht auf Kosten der anderen machen oder alles nach Abschluss allein für sich verbuchen.

Auch hier kann man mit einer persönlichen Klärung vor Beginn des Projekts zu einer deutlichen, zumindest mündlichen Vereinbarung kommen. Dann kann der sehr starke Fokus auf den Projekterfolg außerordentlich hilfreich sein. Wichtig ist auch, dass es nicht mehr als einen Ehrgeizigen im Team geben sollte. Dieser eignet sich natürlich hervorragend für die Rolle des Projektleiters. Aufpassen muss man bei Blendern, denen der eigentliche Projekterfolg egal ist, solange sie dabei selbst ein gutes Bild abgeben. Hier hilft nur eine klare Ansage mit einmaliger Chance oder aber das Ende der Zusammenarbeit.

1.2.1.6 Der Unwillige

Manche Mitarbeiter oder Mitarbeiterinnen haben schlechte Erfahrungen an ihrem Arbeitsplatz gemacht, sind schon so weit, dass sie innerlich gekündigt haben oder können sich mit dem Unternehmen oder dem Projekt nicht identifizieren. Die Folge davon ist häufig, dass diese Mitarbeiter ihre Aufgaben zwar lösen könnten, es aber nicht wollen. Als Projektleiter oder Arbeitgeber steht man einem solchen Verhalten meist ziemlich hilflos gegenüber.

Wenn jemand wirklich nicht an einer Aufgabe oder einem Projekt teilnehmen will, kann man zwar versuchen, die Arbeitsbedingungen noch besser zu gestalten, am Ende kann man aber niemanden zwingen. Und manchmal passen Menschen und Unternehmen einfach nicht zusammen. In diesem Fall ist es sinnvoll, den Mitarbeiter im Projekt gar nicht erst einzusetzen, weil er einen negativen Einfluss auf das gesamte Team haben kann. Oft ist eine Trennung im Guten besser für den Projekterfolg.

Aufgrund der großen Bandbreite an Typen und verschiedenen Eigenschaften ließe sich die Liste beliebig erweitern, zumal es viele Variationen und auch Abstufungen dieser Eigenschaften gibt.

Bei eindeutigen Projekten, bei denen es beispielsweise um kurze Tests oder um die schnelle Erstellung von Prototypen geht, ist die Teambesetzung natürlich einfacher, da man dies möglichst mit Menschen vom Typ Superstar machen sollte. Ebenso sollte man Projekte mit extrem niedriger Fehlertoleranz zum Beispiel aus dem Finanzsektor eher mit Pedanten besetzen. Bei vielen Projekten kommen aber verschiedenartige Anforderungen zusammen, womit die Teambesetzung schon nicht mehr so eindeutig ist. Und in vielen Firmen ist die Auswahl der zur Verfügung stehenden Mitarbeiter nicht immer so groß, wie man es sich wünschen würde.

Abhängig von Ihrer Ausgangsposition müssen Sie also möglichst bereits vorab 1.) die richtigen Leute einstellen und, da dies meist schon geschehen ist, zumindest 2.) die richtigen Leute ins Team holen. Wer aber sind nun die richtigen Leute?

Unserer Erfahrung nach kann man die perfekte Zusammensetzung eines Teams nur annähernd erreichen. Halten wir es einfach und beurteilen dies anhand der Hard und Soft Skills. Die Hard Skills kann man noch am klarsten benennen, denn man weiß innerhalb einer Firma aus der Zusammenarbeit, wer bestimmte fachliche Qualifikationen besitzt. Bei Freiberuflern und Freiberuflerinnen, die man ins Team aufnehmen will, wird selbst dies schwieriger, da man sich eventuell auf Referenzen und ansonsten fast ausschließlich auf den CV oder Selbstaussagen verlassen muss.

Wir werden hier gar nicht erst versuchen, eine ideale Zusammensetzung für ein Projekt-Team zu empfehlen. Das wäre unseriös und dazu ist unsere Typologie auch nicht gedacht. Jedes Team ist einzigartig, und das Zusammenspiel verschiedener Team-Mitglieder hängt von ihren Persönlichkeiten, aber auch von vielen anderen Faktoren (Kooperations- und

Kommunikationsfähigkeit, Arbeitsmethodik usw.) ab. Und die Zuordnung zu einem bestimmten Typus kann sich auch von Projekt zu Projekt ändern – je nach geforderter fachlicher Qualifikation und nach den anfallenden Aufgaben.

Viel wichtiger als eine One-for-all-Empfehlung ist uns an dieser Stelle, das Verständnis dafür zu schärfen, dass sehr unterschiedliche Menschen mit Stärken und Schwächen in einem Projekt zusammenarbeiten, die verschiedene Ziele verfolgen und auch auf unterschiedliche Weise im Projekt angesprochen werden müssen, damit dieses ein Erfolg werden kann.

1.2.2 Delegationsfähigkeit

Die Mitarbeiter und Mitarbeiterinnen im Team unterscheiden sich nicht nur durch den Typus, dem sie zugeordnet werden können. Je nach Aufgabe brauchen sie auch unterschiedlich viel Unterstützung, um sie zu lösen. Die Fähigkeit, eigenständig Probleme zu lösen, ist selbstverständlich abhängig von der Art der Aufgabe und sie ändert sich auch mit zunehmender Erfahrung und Einstellung. Für Ihr Projekt bedeutet das, dass Sie berücksichtigen sollten, dass nicht alle Team-Mitglieder gleichermaßen autark und eigenverantwortlich Aufgaben lösen können.

Manche Methoden – wie beispielsweise Scrum – gehen davon aus, dass man einem Team nur genügend Freiheit gewähren muss, damit alle gemeinsam Verantwortung übernehmen können. Wir orientieren uns in unserer Methode eher an der Skala der Delegationsfähigkeit nach Jurgen Appelo (2010). Dieser unterscheidet sieben Stufen unterschiedlicher Eigenverantwortlichkeit, angefangen bei Menschen, die in der konkreten Arbeitssituation sehr uneigenständig sind und sehr viele Anweisungen brauchen bzw. auch haben möchten, bis hin zu Menschen, die fast vollständig autark arbeiten möchten und können. Teams setzen sich daher nicht nur aus unterschiedlichen Typen, sondern auch aus Menschen mit verschiedener Delegationsfähigkeit zusammen, was den menschlichen Faktor noch komplexer macht.

1.2.3 Ausfall durch Krankheit und Kündigung

Ein weiterer entscheidender Punkt beim Thema Mensch ist ein ebenso menschlicher: Ausfall durch Krankheit. Je kleiner das Team, umso größer der Impact selbst bei wenigen Krankheitstagen. Dieser Unwägbarkeit lässt sich nur auf zweierlei Wegen begegnen: Zum einen können Sie versuchen, durch ein gutes Betriebsklima die Krankenquote möglichst niedrig zu halten. Das hört sich banal an, ist aber oftmals über gewisse Investitionen deutlich verbesserbar. Da dieses Thema ein ganzes Buch für sich füllen würde, gehen wir an dieser Stelle nicht näher darauf ein.

Mindestens so wichtig ist es, im konkreten Team wie im konkreten Projekt eine kooperative und produktive Arbeitsumgebung zu schaffen. Dies ist einer der wesentlichen Aspekte, auf den wir im zweiten Teil des Buches detailliert eingehen. Eine Krankmeldung bei einer richtigen Grippe werden Sie mit einer guten Arbeitsatmosphäre nicht verhindern, aber den kurzen Ausfall wegen leichter Kopfschmerzen vielleicht schon. Nicht ganz so häufig und so schnell, dafür aber endgültiger trifft dies auch auf das Thema Eigenkündigungen durch Team-Mitglieder zu. Je nach fachlicher Qualifikation kann dies ein Loch ins Team reißen, wovon sich das Team und auch das Projekt nicht mehr erholen.

1.2.4 Innerer Widerstand und Effizienz

Selbst, wenn niemand kündigt oder länger krank wird, gibt es weitere Aspekte, die sich sehr konkret auf den Projekterfolg auswirken können, wenn man nicht gut genug auf die einzelnen Charaktere, ihre Bedürfnisse, ihre Arten zu arbeiten, zu kommunizieren, ihre Vorstellung bezüglich der Umsetzung usw. eingeht.

Dies ist der innere Widerstand, der bei jedem Menschen teils bewusst, auf jeden Fall aber unbewusst auftritt, je unwohler er sich fühlt und je weniger er ein vollwertiges Team-Mitglied ist. Und dies führt zwangsläufig zu verringerter Effizienz, im schlimmsten Fall natürlich zu einer Blockadehaltung und dem „Fauler Apfel"-Phänomen: Wenn ein Mitarbeiter oder eine Mitarbeiterin sich innerlich so sehr vom Unternehmen oder vom Team entfernt hat, bringen sie nicht nur selbst keine Leistung mehr, sondern sie stecken mit ihrer Einstellung auch alle anderen in ihrer Umgebung an – eben wie ein fauler Apfel, der die gesamte Obstschale verdirbt.

1.2.5 Persönliche Zielsetzungen

Jeder Mensch verfolgt durch und bei seiner Arbeit verschiedene Ziele. Den meisten gemein ist wohl, dass sie durch ihre Arbeit ihren Lebensunterhalt verdienen müssen. Bei ihrer tagtäglichen Arbeit ist das Bild deutlich differenzierter. Viele möchten einfach nur ihren Job machen, und das möglichst anständig. Aber gerade im Umfeld hoch qualifizierter Spezialistinnen und Spezialisten, und dazu gehören durch die Digitalisierung immer mehr Menschen, geht es sehr oft auch um Selbstverwirklichung, um Bestätigung und Karriere. Und so arbeitet im Team die karriere-orientierte Managerin, die ihre Energie hauptsächlich in die Arbeit und auch ihre Ambitionen steckt, zusammen mit dem familienorientierten Kollegen, der seinen Job zwar ebenso gut macht, aber irgendwann auch die Arbeit Arbeit sein lässt. Und während dies in unstressigen Zeiten noch zusammen funktionieren kann, ist spätestens beim Aufkommen von Druck durch Zeitverzug der „Culture Clash" vorprogrammiert.

Dass Menschen verschiedene Ziele haben, ist normal, und oft hängt es auch einfach von der Lebensphase ab, in der sich der Einzelne gerade befindet. Trotzdem führen in der Zusammenarbeit diese verschiedenen Ziele häufig zu unerwünschten Nebeneffekten.

Ein Mitarbeiter, der noch sehr unerfahren ist, aber aus Angst oder aufgrund schlechter Erfahrungen nicht negativ auffallen möchte, könnte zum Beispiel dazu neigen, sich im Team zu verstecken, um möglichst nicht den Fokus auf sich zu lenken. Dadurch vertut er für sich und das Team jedoch die Chance, an genau diesen Punkten zu arbeiten und damit das Team stärker und besser werden zu lassen.

Besonders relevant wird dieser Punkt, wenn nicht nur ein Team-Mitglied, sondern gleich mehrere Mitarbeiter und Mitarbeiterinnen versuchen, ihre eigene Leistung nicht sichtbar werden zu lassen und sich hinter der Leistung des Teams zu „ducken". Dadurch kann sogar eine Mentalität im gesamten Team entstehen, bei der persönliches Commitment nicht gefragt und nicht sinnvoll ist, weil man so seine eigene Leistung besser hinter der Teamleistung verstecken kann.

Häufig führen auch falsch verstandene Arbeitsmethoden dazu, dass es zu Unzufriedenheit und zu Unstimmigkeiten in Teams kommt. Gerade im Bereich der Software-Entwicklung ist Scrum heute eine State-of-the-Art-Methode, die den Teams viele Freiheiten bei gleichzeitig hoher Eigenverantwortung erlaubt. In vielen Teams, die diese Methode nicht richtig gelernt haben, richtet sich der Fokus jedoch vor allem auf die genannten Freiheiten und die Eigenständigkeit des Teams, während übersehen wird, dass mit jeder Freiheit auch eine neue Verantwortung einhergeht. Sobald eine Methode nicht mehr zur Unterstützung des Teams genutzt, sondern als Ausrede für nicht planmäßig verlaufene Projekte herangezogen wird, sollte sowieso überlegt werden, ob diese noch die richtige Methode ist.

Aus den genannten Gründen halten wir den menschlichen Faktor zwar für den größten Einflussfaktor, uns ist aber gleichwohl immer bewusster geworden, dass man das Thema menschlicher Faktor niemals so in den Griff bekommen kann, wie man es für eine hundertprozentige Projektplanung gerne hätte. Der Mensch ist nun mal kein Roboter, den man beliebig programmieren oder ggf. ersetzen kann. Dafür kann der Mensch Kreativität und Motivation in einem Maß einbringen, wie es eben nur ein Mensch kann.

Um das Thema Mensch in der Projektarbeit möglichst handhabbar zu machen, sind all unsere Methoden darauf ausgerichtet, durch gemeinsame Zielsetzungen den Fokus der einzelnen Team-Mitglieder sehr stark auf das Projekt selbst zu lenken.

1.3 Rahmenbedingungen

Management Summary

Projektmanagement beginnt lange vor dem eigentlichen Projektstart. Rahmenbedingungen, die viel früher gesetzt wurden, haben Einfluss auf den Projekterfolg und müssen als gegeben hingenommen werden.

Projekte spielen sich nicht im luftleeren Raum ab, sondern als Teil einer Organisation und Gesellschaft. Daher gibt es keinen One-for-all-Ansatz, der für alle Unternehmen gleichermaßen funktioniert. Rahmenbedingungen, in denen das Projekt stattfindet (Unternehmen, Gesellschaft), müssen berücksichtigt werden, um das Projekt erfolgreich abzuschließen.

Die wichtigsten Rahmenbedingungen sind die Unternehmenskultur, die sozialen Beziehungen der Mitarbeiter untereinander, die Gesellschafterstruktur des Unternehmens, seine Position im Markt sowie die gefühlte und die wirkliche Firmengeschichte.

Viele Projektmanagement-Methoden hören sich beim ersten Lesen wie die Lösung aller Probleme an. In sich absolut schlüssig und dazu einfach zu implementieren, ergeben sich dennoch nach wenigen Wochen oder Monaten wieder die typischen Probleme, die man aus der Projektarbeit kennt. Denn egal, wie stimmig sich eine Methode anhört, das eigentliche Projektmanagement fängt weit vor dem Projekt an: bei den Rahmenbedingungen, in denen es durchgeführt wird.

Jedes Unternehmen ist unterschiedlich. Und auch kein Projekt ist wie ein anderes. Die Unterschiede sind vielleicht nicht auf den ersten Blick ersichtlich, aber sie zeigen sich zu jedem Zeitpunkt, in jedem Projekt. Ein One-for-all-Ansatz kann in so einzigartigen Strukturen nicht wirklich funktionieren, aber natürlich kann man auch nicht für jedes Unternehmen eine eigene Methode des Projektmanagements entwickeln.

Unser Ansatz umfasst daher nicht nur das eigentliche Projekt, sondern auch die Rahmenbedingungen, in denen es stattfindet. Diese sollten Sie kennen und sich während des Projekts immer wieder bewusst machen. Oft sind gerade die Rahmenbedingungen die eigentlichen Limitationen eines Projekts, die aber auch niemand hinterfragt oder aktiv einbezieht, da sie als selbstverständlich hingenommen werden.

Die folgenden Kriterien haben einen besonders starken Einfluss auf das Projektgeschehen. Sie können nur teilweise bis gar nicht beeinflusst werden. Wer sie jedoch kennt, kann Projekte entsprechend ausrichten und Erwartungen gemäß den Rahmenbedingungen entwickeln und formen.

1.3.1 Unternehmenskultur

Die Kultur im Unternehmen umfasst das gemeinsame Selbstverständnis der Mitarbeiterinnen und Mitarbeiter. Dies kann man bis zu einem gewissen Grad vorleben und formen; die Kultur zu ändern ist jedoch ein langwieriger Prozess.

Man sollte zwar nie aufhören, die Kultur eines Unternehmens aktiv zu formen und negativen Entwicklungen entgegenzuwirken, aber bestimmte Auswirkungen der Kultur muss man für zeitnahe Projekte einfach als gegeben akzeptieren.

Gerade große Konzerne tun sich beispielsweise schwer mit der Umsetzung agiler Prinzipien, weil die Anforderungen, die sich aus gesetzlichen Vorgaben und Erwartungen von Shareholdern ergeben, einer Kultur des Trial & Error konträr entgegenstehen.

Auch hierarchische Strukturen im Unternehmen lassen sich durch gleichberechtigte Projekt-Teams nicht einfach aushebeln. Vielmehr sollte man diese Voraussetzungen, die das Unternehmen mit sich bringt, von Anfang an in der Projektplanung berücksichtigen und eben nur das einplanen und einfordern, was in der jeweiligen Umgebung realistischerweise zu schaffen ist.

1.3.2 Soziale Beziehungen

Wie wichtig der menschliche Faktor für das Gelingen oder Scheitern eines Projekts ist, haben wir bereits im vorangegangenen Abschnitt ausführlich geschildert. Natürlich gehört der menschliche Faktor ebenfalls zu den Rahmenbedingungen, auch wenn man bis zu einem bestimmten Punkt darauf Einfluss nehmen kann.

Was Sie jedoch nicht oder nur sehr schwierig und langsam verändern können, sind die sozialen Beziehungen, die Ihre Mitarbeiterinnen und Mitarbeiter untereinander haben. Manche mögen sich, schätzen sich oder bewundern einander sogar für ihre Fähigkeiten. Andere haben Vorurteile oder halten nichts von der Arbeit einer einzelnen Person. Solche Einstellungen und Emotionen können Projekte sehr schnell zum Scheitern bringen. Schauen Sie sich die Zusammensetzung Ihrer Teams daher auch auf jeden Fall in dieser Hinsicht an.

1.3.3 Gesellschafterstruktur

Wenn das Unternehmen, für das Sie Projekte durchführen wollen, Ihnen selbst gehört – herzlichen Glückwunsch! Sie können diesen Punkt getrost überspringen. Sie können Ihre Erwartungen an das Unternehmen als Ganzes und die Projektarbeit im Einzelnen übereinbringen und einander angleichen.

Der Normalfall in Unternehmen ist jedoch, dass Eigner und Verantwortliche nicht zusammenfallen. Trifft dies auf Sie zu, so wissen Sie sicher, dass auch Gesellschafter oder Shareholder Erwartungen an eine Firma richten und dass diese Erwartungen direkten Einfluss auf Projekte nehmen können. Dies trifft in jedem Fall auf die Auswahl und Priorisierung von Projekten zu. Gehen die Shareholder von einem Gewinnwachstum von 50 % im nächsten Jahr aus, lässt das nicht viel Spielraum für Investitionsprojekte.

Die Gesellschafterstruktur eines Unternehmens kann jedoch auch Auswirkungen auf die Ausgestaltung der Projektarbeit haben. Eine AG muss bestimmte Vorgaben erfüllen, die auch die Projektarbeit beeinflussen. Ein kleineres Unternehmen, dessen Gesellschafter gerne mal persönlich vorbeischauen, wird ebenfalls bei der Ausgestaltung von Projekten auf die Vorlieben der Eigner Rücksicht nehmen müssen. Bedenken Sie dies von Anfang an bei Ihrer Projektplanung.

1.3.4 Position im Markt

Die eigene Position im Markt hat natürlich Einfluss auf die Auswahl von Projekten. Auf einen starken Wettbewerber muss man mit den richtigen neuen Features und daher mit passend ausgewählten Projekten reagieren. Aber auch die Art der Durchführung von Projekten hängt teilweise von der Position im Markt ab. Wer gerade ins Hintertreffen geraten ist, wird eine straffere Art der Organisation bevorzugen, um auch indirekt zu zeigen, wie wichtig das Vorankommen für den Unternehmensbestand ist.

Unternehmen, die klarer Marktführer sind, haben dagegen mehr Spielraum für Experimente und freie Entfaltung. Wichtig ist, dass das

Verständnis über die eigene Position im Markt bei allen Mitarbeiterinnen und Mitarbeitern ähnlich ist. Kommt Druck von Wettbewerbern, muss allen Beteiligten klar sein, dass man sich als starkes Unternehmen nun nicht einfach zurücklehnen oder gar in Schockstarre verfallen darf, sondern ebenfalls an Innovationen und neuen Features arbeiten muss.

Doch natürlich befindet sich ein Unternehmen nicht nur im Wettbewerb um Kundschaft, sondern auch um Mitarbeiter und Mitarbeiterinnen. Gerade bei stark umworbenen Berufsgruppen wie Software-Entwicklern oder Business-Analystinnen spielt die Auswahl der Projektmanagement-Methode, nach der man arbeitet, auch eine Rolle beim Employer Branding. Die Trends, die aktuell in der Branche herrschen, sollte man zumindest kennen, und – am besten auf der eigenen Homepage – erklären können, warum man sie einsetzt bzw. warum nicht.

1.3.5 Firmengeschichte

Mitarbeiter und Mitarbeiterinnen identifizieren sich mit „ihrem" Unternehmen, und dazu gehört es auch, dass sie ein gemeinsames Empfinden für die Firmengeschichte entwickeln. Wie hat das Unternehmen angefangen? Was waren wichtige Meilensteine? Welche Erfolge gab es und welche einschneidenden, vielleicht sogar traumatischen Erlebnisse? Die Antworten auf diese Fragen bilden den Kontext, in dem Ihr Projekt angesiedelt ist. Natürlich können Sie die Firmengeschichte nicht umschreiben, denn sie ist ja bereits passiert. Das sollen Sie auch gar nicht, weil eine gemeinsame Identifikationsbasis für Ihre Mitarbeiter allen Beteiligten nützt und sie stärker zusammenbringt.

Tipp

Der Umgang eines Unternehmens mit unvorhergesehenen Krisen (wie zum Beispiel der Corona-Krise) wird sich tief ins Gedächtnis der Mitarbeiter und Mitarbeiterinnen eingraben und noch Jahre später unbewusst Entscheidungen beeinflussen. Unternehmen können durch souveränes Handeln in solchen Situationen daher dauerhaft Vertrauen aufbauen.

Trotzdem kann eine negative Sicht auf die eigene Geschichte Projekte zum Scheitern bringen, die eigentlich gute Aussichten auf Erfolg gehabt hätten. Um dem entgegenzuwirken, können Sie beispielsweise den Fokus von Misserfolgen auf Erfolge lenken und so die Interpretation und Wahrnehmung gestalten. Ein Unternehmen, das durch Zuversicht und einen positiven Blick auf die eigene Geschichte geprägt ist, steht auch Neuerungen und Herausforderungen offener und positiver gegenüber – ein wichtiger Faktor, um tatsächlich erfolgreich Projekte umzusetzen.

1.4 Komplexität

Management Summary

Einfache Projektmanagement-Methoden verleiten dazu, zu vergessen, dass die (Projekt-)Realität alles andere als einfach ist. Der Wunsch nach einfachen Methoden ist verständlich. Sie reduzieren jedoch nie die Komplexität eines Projekts, sondern machen sie nur verarbeitbar.

Komplexität entsteht, weil es nie nur einen, sondern unendlich viele Wege ans Ziel gibt, und weil das Verständnis über dieses Ziel im Projekt-Team oft verschieden ist. Auch unterschiedlich verwendete Begriffe können dazu führen, dass Komplexität steigt.

Wichtige Einflussfaktoren für Projektkomplexität sind die Anzahl der Team-Mitglieder, die Projektdauer sowie erforderliches Spezialwissen für das Projekt.

Eine Folge von Komplexität ist eine falsche Einschätzung der Zukunft: Wer Unwägbarkeiten fürchtet, wird den Projekt-Verlauf unnötig pessimistisch einschätzen, und wer die vielen komplexen Zusammenhänge innerhalb des Projekts nicht kennt, wird zu optimistisch ans Projekt herangehen. Beides führt zu einer falschen Planung und am Ende zum Scheitern des Projekts und zu Frustration bei allen Beteiligten.

Da alle Eventualitäten ohnehin nicht eingeplant werden können, ist es wichtig, Projekte so zu gestalten, dass man möglichst schnell gegensteuern kann, wenn sich Neuerungen ergeben.

Projektmanagement-Methoden, die sich sehr einfach anhören, haben einen besonderen Charme. Sie zeigen auf einen Blick, dass die Welt gar nicht so kompliziert sein müsste, wie wir sie empfinden. Auch die Katana-Methode setzt auf Einfachheit, weil wir der Meinung sind, dass möglichst viel Zeit in die eigentliche Projektarbeit und nicht in die Verwaltung, Planung und Kontrolle fließen sollte.

Dennoch führt der Einsatz von Methoden, die auf Einfachheit ausgerichtet sind, leider dazu, dass der Eindruck entsteht, dass Projektmanagement ganz einfach wäre. Das ist mitnichten der Fall, denn der dritte Faktor, der Projekte immer wieder scheitern lässt, ist unserer Erfahrung nach die Komplexität der Projekte.

Unabhängig davon, ob Sie eine Webseite entwickeln wollen, einen Flughafen bauen oder eine Produktionsstraße für ein völlig neues Produkt aufbauen möchten – es gibt immer nahezu unendlich viele Wege zum Ziel. Und dies gilt schon allein für den Fall, dass bei allen Beteiligten Einigkeit darüber besteht, wie das Ziel konkret aussehen soll. Doch selbst hierzu gibt es in den meisten Projekten mehr Meinungen als Team-Mitglieder. Sehr häufig ist das den meisten nicht einmal bewusst, weil Begriffe unterschiedlich verwendet werden und jeder davon ausgeht, dass die anderen dasselbe Verständnis haben wie man selbst. Auf diesen Punkt gehen wir in Kapitel 2 näher ein, wenn wir unser Grundprinzip der Klarheit vorstellen, das zumindest dafür sorgen kann, dass nicht unterschiedliche Erwartungen an ein Projekt gestellt werden, ohne dass dies den Einzelnen bewusst ist.

Was bleibt, ist die Komplexität des Projekts an sich. Je mehr Team-Mitglieder eingebunden sind, je länger die geplante Projektdauer ist und je spezialisierter die verschiedenen Aufgaben im Projekt sind, desto mehr Einflussfaktoren gibt es, die sich nicht von Anfang an (oder auch überhaupt nicht) überschauen lassen.

Die Anzahl der Team-Mitglieder hat direkten Einfluss auf die Komplexität eines Projekts, weil die Anzahl der direkten Beziehungen untereinander steigt. Bei zwei Team-Mitgliedern gibt es genau eine direkte Beziehung, die sich schnell stabilisieren lässt. Die Kommunikationswege sind sofort klar und es ist für beide Beteiligten sehr einfach, den Überblick zu behalten. Bei drei Mitgliedern sind dies schon drei Beziehungen, da jeder zu den beiden anderen eine eigene Beziehung aufbauen muss. Nimmt man ein Team von zehn Personen, so ergibt das insgesamt 45 persönliche Beziehungen. Diese einzelnen Beziehungen müssen sich in einem Team erst einmal stabilisieren und die Wahrscheinlichkeit, dass nicht alle 45 reibungslos funktionieren, ist ziemlich hoch.

Viele Projektmanagement-Methoden empfehlen daher, Teams mit weniger Mitarbeitern zu bilden. Was wie ein vernünftiger Ansatz erscheint, scheitert in der Praxis natürlich. Denn Teams setzt man so zusammen, dass sie die anfallenden Aufgaben erledigen können, nicht so, dass sie einer idealtypischen Größe entsprechen. Außerdem möchte man sein Projekt für den (ebenfalls immer wahrscheinlichen) Fall, dass einer der Mitarbeiter krank wird, das Unternehmen verlässt oder aus einem anderen Grund ausfällt, natürlich nicht gefährden, weswegen man Projekt-Teams normalerweise lieber ein bisschen größer ansetzt.

Eine Struktur, die gerade in großen Projekten eingesetzt wird, sind Teil-Projekt-Teams, die in sich geschlossen an Unter-Projekten arbeiten. Dies erleichtert häufig die Organisation, es reduziert aber in keinem Fall die Komplexität der persönlichen Beziehungen innerhalb des Projekts. Unter Umständen entsteht sogar eine Konkurrenzsituation zwischen den einzelnen Teams, was die Komplexität noch erhöht.

Auch die Projektdauer ist ein direkter Einflussfaktor auf die Komplexität im Projekt. Wenn ich bis nächste Woche Freitag ein Thema zu Ende bringen möchte, kann ich ziemlich genau überblicken, was bis dahin ansteht, welche Schwierigkeiten es geben könnte und wie realistisch es ist, dass ich mein Ziel erreiche. Erweitere ich den Zeitraum auf ein Jahr, ist dies nicht mehr möglich. In diesem Zeitraum können sich die gesamten Rahmenbedingungen so ändern, dass die ursprüngliche Planung nicht mehr erreichbar ist. Das komplette Projekt-Team kann abwandern oder die Idee hinter dem Projekt kann so veraltet sein, dass es gar nicht mehr sinnvoll ist, es durchzuführen.

Dennoch benötigen manche Projekte eine lange Zeit zur Fertigstellung. Die Projektleitung muss dann zwei Dinge gleichzeitig tun: Zum einen muss sie möglichst richtige Annahmen über die Zukunft treffen. Wie richtig diese wirklich sind, stellt sich jedoch erst später heraus. Für den Fall, dass die Annahmen nicht zutreffen, muss das Projekt so gestaltet sein, dass man noch relativ leicht den Kurs des Projekts beeinflussen kann. Vor allem der zweite Punkt ist sehr wichtig bei großen Projekten, da man sich allzu leicht in eine Sackgasse manövriert, die ein ganzes Projekt ad absurdum führen kann.

Daneben hilft es, auf dem Weg zum Ziel des Projekts Zwischenziele einzufügen, die für sich genommen schon einen Wert für das Unternehmen darstellen. Sollte sich während der Projektdauer ergeben, dass das ursprünglich angestrebte Ziel nicht mehr erreichbar ist, hat man zumindest schon einige einzeln verwertbare Meilensteine erreicht, die auch ohne das Gesamtziel für das Unternehmen wertvoll sind.

Projekt-Teams sind vor allem beliebt, wenn man mehrere verschiedene Spezialistinnen und Spezialisten für eine Aufgabe benötigt. Je spezialisierter das benötigte Wissen jedoch wird, desto stärker steigt auch die Komplexität des Projekts an. Denn die Kommunikation über das gemeinsam zu erreichende Ziel wird deutlich erschwert, wenn bestimmte Teilaufgaben des Projekts immer nur von einem einzelnen Team-Mitglied verstanden werden können.

So können sich die einzelnen Mitarbeiter und Mitarbeiterinnen nicht gegenseitig in ihrer Aufwandsschätzung hinterfragen und der gewählte Weg ist einzig von den Präferenzen und Fähigkeiten einer einzelnen Person abhängig. Ein großer Vorteil der Projektarbeit geht dadurch verloren. Wissen mehrerer Menschen wird nicht gebündelt, sondern alles fokussiert sich auf die Expertise einzelner Mitarbeiter.

Hinzu kommt, dass die Verantwortung für den Einzelnen so groß ist, wenn ein ganzes Projekt-Team von seiner Expertise abhängt, dass viele dazu tendieren, lieber auf Nummer Sicher zu gehen und auch bei den Teilen des Projekts mit 120 % Genauigkeit zu arbeiten, bei denen 70 % oder 80 % völlig ausgereicht hätten. Da zwischen allen Aufgaben innerhalb des Projekts Abhängigkeiten bestehen, erhöht dies ebenfalls die Komplexität für Tasks, an denen keine Spezialisten arbeiten müssen.

Ein Projekt zu planen, das Unwägbarkeiten innerhalb und außerhalb der eigentlichen Arbeit unterworfen ist, scheint unmöglich, und gerade unerfahrene Projektmanager neigen dabei entweder zu unbegründetem Pessimismus oder Optimismus. Beide Varianten führen dazu, dass Projekte falsch geplant werden und im Ergebnis wieder zu Frustration führen. Dabei ist es wichtig, sich der Komplexität des Projekts bewusst zu werden und zu akzeptieren, dass man sie nicht beherrschen kann. Je länger ein Projekt dauert, je spezialisierter die Aufgaben sind und je mehr Menschen daran mitwirken, desto häufiger werden Dinge passieren, die niemand so vorhergesehen hat oder vorhersehen konnte. Wichtig ist daher nicht, alle Unwägbarkeiten einplanen zu können, sondern sich für die Reaktion auf Veränderungen, Fehler und Chancen flexibel zu halten.

Mitarbeiter von Projekten, die die natürliche Komplexität von Anfang an berücksichtigen, werden ihren Fokus darauf richten, während der Arbeit so viel wie möglich zu lernen, um künftige Komplexität zu reduzieren. Und sie werden Zwischenschritte einbauen, die sich bereits an der Wirklichkeit testen lassen, damit mögliche Fehlplanungen nicht erst am Ende des Projekts auffallen.

Komplexität in Projekten lässt sich selbst durch die einfachste Projektmanagement-Methode nicht reduzieren. Sie lässt sich jedoch antizipieren und beherrschen, wenn alle Beteiligten über sie Bescheid wissen.

Literatur

Appelo J (2010) Management 3.0: leading Agile developers, developing Agile leaders. Addison-Wesley Professional, Boston

Tuckman BW (1965) Developmental sequence in small groups. Psychol Bull 63:384–399

2

Eine einfache Methode für besseres Projektmanagement in fünf Prinzipien

Zusammenfassung Unsere immer schneller werdende Arbeitswelt und die Verschiedenartigkeit der Firmen erfordern, dass eine gelungene Methodik für besseres Projektmanagement 1.) nicht zu kompliziert und 2.) schnell umsetzbar ist. Dies hört sich im ersten Moment zwar logisch an, aber eben auch ein Stück zu einfach.

Unserer langjährigen Erfahrung nach ist aber genau dies der Schlüssel zum Erfolg. Die eigentliche Herausforderung ist, dass man den Mut und natürlich auch die Handlungsmacht haben muss, die Methode exakt entsprechend unseren Hinweisen einzuführen und umzusetzen.

Daraus ergeben sich für eine Methode, die unseren Erwartungen entspricht, folgende Anforderungen:

- Umsetzbarkeit für eine möglichst große Anzahl von Mitarbeitern und Mitarbeiterinnen,
- kein langes Erlernen der Methodik, sondern möglichst schnelle Umsetzbarkeit – daher sollten Fachausdrücke und Buzzwords möglichst sparsam eingesetzt werden,
- Fokus auf die Gewinnung von möglichst viel Zeit zur Umsetzung der Aufgaben mit möglichst wenigen Terminen,

J. Cholin, Y. Kraus, *Next Level Projektmanagement – die Katana-Methode*,
https://doi.org/10.1007/978-3-662-62274-2_2

- größtmögliche Transparenz,
- gutes Change Management, um die Akzeptanz für die Methode zu maximieren.

Wie eine solche Methode unserer Meinung nach aussieht und an welchen Prinzipien sie sich orientiert, erklären wir im folgenden Kapitel. Sie folgt den Prinzipien: *Unnötiges weglassen*, *Transparenz*, *einfach mal machen*, *Klarheit* und *Erwachsene wie Erwachsene behandeln*.

2.1 Prinzip 1: Unnötiges weglassen

Management Summary

Wer für sich selbst ein gestecktes Ziel erreichen möchte, lässt automatisch Unnötiges weg. Jeder von uns weiß, wie er die optimale Zeit für eine Aufgabe einhalten kann. Im Arbeitsalltag ist es dagegen selten möglich, sich wirklich auf die eigentliche Aufgabe zu konzentrieren. Ablenkungen von der Projektarbeit sind z. B. Meetings, Gespräche mit Kolleginnen und Kollegen, E-Mails und Aufgaben aus anderen Bereichen.

Um mehr Fokus zu erhalten, müssen die Arbeitsbedingungen so angepasst werden, dass jeder Einzelne möglichst viel Zeit für die Projektaufgaben hat. Konkret bedeutet dies, unnötige „Abhalter" zu identifizieren und gezielt zu reduzieren.

Solche Abhalter findet man in den Rahmenbedingungen (z. B. zu viele Meetings), in der Kommunikation, die häufig zu kompliziert oder zu ausufernd ist, im eigentlichen Projekt-Verlauf und natürlich in der Arbeitsmethodik des Teams und auch eines jeden Einzelnen. Wenn Sie gezielt überprüfen, welche Dinge im Alltag wirklich nötig sind und welche sich einfach über die Jahre eingeschlichen haben, können Sie die Effizienz und Geschwindigkeit im Projekt deutlich erhöhen.

Beginnen wir mit einem einfachen Experiment: Stellen Sie sich vor, Sie möchten zuhause eine Aufgabe erledigen, die Sie komplett alleine bewerkstelligen können. Die Aufgabe ist für Sie nicht übermäßig einfach, aber auch nicht unlösbar schwer. Sie brauchen sich nicht abzuhetzen, aber möchten sie auch in adäquater Zeit erledigen.

Sie sind also alleine zuhause, setzen sich einfach hin, fangen an, arbeiten eine Zeit lang an genau dieser Aufgabe und irgendwann ist sie fertig und völlig zufriedenstellend gelöst. Die Zeit, die Sie dafür benötigt haben, entspricht wahrscheinlich ziemlich genau dem Optimum, das man für eine solche Aufgabe aufbringen sollte, ohne danach total gestresst zu sein. Und nebenbei sind Sie selbst recht zufrieden mit der Erledigung, weil Sie die Aufgabe effizient und effektiv gelöst haben.

Und nun stellen Sie sich vor, das gesamte Unternehmen würde alle Aufgaben genau so erledigen, wie Sie Ihre Aufgabe zuhause erledigt haben. Nun denken Sie sicher,: Das kann man nicht vergleichen, das geht halt in einer Firma nicht, wo man zwischendurch zu Meetings muss, Kollegen und Kolleginnen helfen muss, viele verschiedene Aufgaben hat, immer weiter Mails auflaufen und man einfach nicht so ungestört ist wie zuhause.

Sie ahnen schon, worauf wir hinauswollen. Man muss versuchen, die (Arbeits-)Bedingungen konsequent so zu schaffen und zu verändern, dass man so viel Zeit wie nur irgendwie möglich in die effektive und effiziente Bearbeitung der Aufgaben stecken kann. Daraus ergeben sich zwei Kernfragen:

Was lenkt uns davon ab, acht Stunden am Tag einfach nur durchgängig zu arbeiten? Und was hält uns davon ab, die Arbeit so effizient wie möglich zu machen?

Wenn wir dies erkennen, können wir in einem zweiten Schritt darangehen, möglichst viele „Abhalter“ von der eigentlichen Arbeit zu reduzieren und ganz abzuschaffen. Diese Abhalter bringen nichts und sind deswegen absolut unnötig – daher der Name unseres Prinzips: Unnötiges weglassen. Dazu nähern wir uns sozusagen von außen nach innen an. Das heißt, wir fangen bei den grundsätzlichen Rahmenbedingungen an und gehen dann über die allgemeine Kommunikation über zu konkreten Projektabläufen. Und schlussendlich kommen wir zu den einzelnen Mitarbeitern und Mitarbeiterinnen und ihrer Einstellung zur Arbeit.

2.1.1 Unnötiges weglassen bei den Rahmenbedingungen

Neben der eigenen Ablenkung der Belegschaft durch mangelnde Konzentration ist wohl die Firma selbst einer der größten Verursacher für unproduktive Zeiten. Leider haben sich die meisten schon so sehr daran gewöhnt, dass man höchstens die Hälfte seiner Arbeitszeit mit der eigentlichen Arbeit verbringt und mindestens so viel Zeit mit Meetings und eher unwichtigen Mails, dass man dies für völlig normal und schlimmer noch für völlig unveränderbar hält.

Jede Firma, jede Mitarbeiterin und jeder Mitarbeiter müssen angehalten werden, die Rahmenbedingungen so weit zu entschlacken, dass es möglichst einfach ist, so viel Zeit der täglichen Arbeit wie nur irgendwie möglich in die eigentliche Erledigung der Aufgaben zu stecken.

Tipp

Probieren Sie es direkt an sich selber aus: Gehen Sie im Kopf Ihren eigenen, möglichst typischen Arbeitstag durch. Beim ersten Mal überlegen Sie, was Ihre To-dos sind für den Tag und welche Termine noch alle an diesem Tag stattfinden. Nun gehen Sie den Tag erneut durch und überlegen Sie, was davon ohne größere Verluste wegfallen könnte oder auf jeden Fall deutlich nach hinten priorisiert werden kann.

Natürlich sind dies bei dem einen mehr To-dos und bei dem anderen weniger. Aber auf alle Mitarbeiter eines Projektes oder gar einer ganzen Firma bezogen kommt da in jedem Fall einiges zusammen. Bevor Sie nun alle Meetings und die interne Kommunikation komplett umkrempeln, können Sie alternativ auch mit einer Experiment-Phase beginnen und zumindest für einen abgesteckten Zeitraum versuchen, sich dem idealen Arbeiten „wie zuhause" anzunähern und so viel wie nur möglich an sonstigen Meetings, Jour Fixes, Konferenzen, Telefonkonferenzen usw. wegzulassen.

Tipp

Experiment-Phasen sind ein sehr gutes Mittel, um Veränderungen voranzubringen. Sie überwinden so Widerstände gegen die Veränderung (schließlich probieren Sie erst mal nur für eine vorher genau festgelegte Zeit etwas aus) und gleichzeitig halten Sie sich die Möglichkeit offen, die Veränderung wieder zurückzunehmen, wenn sie nicht zu den gewünschten positiven Effekten geführt hat. Und zwar, ohne dass sie wankelmütig oder unentschlossen wirken.

Ein möglicher, sehr begrüßenswerter, wenn auch radikalerer Schritt ist es, einen Reset zu machen und zunächst alle Teammeetings zu streichen und dann nach und nach wieder nur genau die einzuführen, die wirklich sein müssen. Mehr zum Thema Einführung und Umsetzung lesen Sie bitte in Kapitel 3.

Dieser Hebel, allen Mitarbeitern und Mitarbeiterinnen mehr Zeit zum eigentlichen Arbeiten zur Verfügung zu stellen, ist einer der größten, aber auch einer der am schwersten umzusetzenden. Denn jeder, angefangen bei sich selber, geht erst mal in eine innere Abwehrhaltung und sagt sich: „Das geht nicht, wir brauchen dieses und jenes Meeting, wir brauchen diese Informationen" usw.

Auf einen Teil dieser „Abhalter" mag das auch zutreffen, auf einen gewissen Anteil aber eben auch nicht. Und überlegen Sie, wie groß der Hebel auf die zu gewinnende Arbeitszeit ist, wenn Sie es schaffen, auch nur 10 % mehr produktiv verwendete Zeit herauszuholen. In der Regel ist dies durch eine kombinierte Reduktion von nicht projektbezogenen Meetings und Mails durchaus machbar.

Ein weiterer Punkt ist die Nutzung von internen Tools. Bereits vorhandene Tools wie Backoffice-Programme oder das Intranet lassen sich kaum ohne großen Aufwand verbessern. Aber wenn es um die Einführung neuer Tools geht, muss man die Frage stellen, ob dies sinnvoll ist. Viele, vor allem technikinteressierte Mitarbeiter lieben es, neue Tools auszuprobieren. Und bestimmt sind viele davon auch grundsätzlich hilfreich.

Aber jedes neue Tool braucht Zeit zur Einführung und auch zur Nutzung und Pflege. Und selbst wenn es an sich hilfreich ist, muss man sehr genau überprüfen, ob es in Bezug auf eine schnelle Erledigung der Aufgaben zumindest mittelfristig zu einer Beschleunigung führt oder in Summe mehr Zeit verschlingt als einspart. Unserer Erfahrung nach bringt nur eins von drei neuen Tools tatsächlich den gewünschten Effizienzgewinn. Die anderen beiden verschlingen den möglichen Effizienzgewinn durch hohe Einarbeitungs- und Rüstzeiten und werden schneller wieder durch andere Tools abgelöst, als sie die Einführungsphase wieder aufholen können. Schauen Sie sich also Tools, die neu eingeführt werden sollen, sehr genau an und fordern Sie gut abgesteckte Zeitpläne bzgl. Einführung und Anwendung ein, die schnell zeigen, ob das neue Tool Zeit spart oder verschlingt.

2.1.2 Unnötiges weglassen in der Kommunikation

Für viele hoch spezialisierte Firmen ist ein entsprechendes Vokabular völlig normal und auch notwendig. Bedenken Sie aber, dass alle nicht allgemeingültigen Fachwörter dazu führen können, dass diese unterschiedlich verstanden und unterschiedlich interpretiert werden. Zudem müssen alle neuen Kollegen dieses gesamte firmeninterne Vokabular nicht standardisierter Ausdrücke erst mal erlernen. Daher sollten Sie auch hier den Grundsatz der Einfachheit gelten lassen und nicht immer neue Kunstwörter und auch Abkürzungen zulassen, die es selbst altgedienten Kollegen schwer machen hinterherzukommen. Wir würden nicht so weit gehen, dass man mit einem Schlage alle Buzzwords verbietet. Sinnvoll ist, dass man bei sich selbst anfängt und konsequent immer wieder überprüft, ob es wieder einer neuen Abkürzung und wieder eines neuen Buzzwords bedarf oder ob es nicht auch einen normalen, möglichst deskriptiven Namen für das, was man eigentlich sagen will, gibt. An diesem Punkt sollte sehr eng die Unternehmenskommunikation eingebunden werden (wenn es sie gibt), vor allem wenn es um die firmeninterne Kommunikation im Ganzen geht.

Ein weiterer, sehr verbreiteter Zeitfresser, der sich schnell vereinfachen lässt und so mehr Zeit zum Arbeiten freiräumen kann, sind PowerPoint-

Präsentationen. So sehr sie auch absoluter Standard sind, sie sind und bleiben Zeitfresser. Denn das Aufhübschen und Schönmachen einer Präsentation dauert schon für erfahrene Nutzer seine Zeit, für Kollegen, die nur ab und zu eine erstellen, wird dies zur tagelangen Beschäftigung, zumal jeder Mitarbeiter damit auch sich selbst positiv präsentieren möchte.

Tipp

Führen Sie eine einfache Regel ein: Das Einsetzen und Formatieren der Inhalte darf pro Slide nicht mehr als höchstens zwei Minuten in Anspruch nehmen. Und legen Sie eine allgemeine Maximalzahl an Slides je Präsentation fest, z. B. zehn, damit die Erstellung, vor allem aber die Präsentation nicht ausufert. Wenn Sie noch einen Schritt weitergehen wollen, können Sie je Abteilung auch PowerPoint-Budgets vergeben, die nicht überschritten werden dürfen.

Es lassen sich in jeder Firma mit absoluter Sicherheit noch eine ganze Reihe weiterer Punkte finden, die man im Sinne der Mitarbeiter weglassen, vereinfachen und entschlacken kann. An dieser Stelle hat sich bewährt, dies in einem eng abgesteckten Zeitrahmen von allen Teams einer Firma selbst erarbeiten zu lassen, zumal damit die Akzeptanz für daraus folgende Veränderungen deutlich erhöht wird. Dabei muss dem Team jedoch klar sein, dass der Gewinn an Arbeitszeit höher ausfallen muss als die in die Ausarbeitung investierte Zeit.

2.1.3 Unnötiges weglassen im Projekt-Verlauf

Während der Durchführung des Projekts lassen sich viele weitere Aktivitäten, die nicht unmittelbar zum Projekterfolg führen, reduzieren oder ganz weglassen. Dies fängt bereits bei der Planung an, denn bei nichts anderem kann man sich so sehr verlieren wie hier. Bestehen Sie bei der Planung immer auf einen agilen Ansatz, d. h. naheliegende Tätigkeiten werden detaillierter geplant als weiter entfernte To-dos. Nur unmittelbar bevorstehende Arbeiten werden wirklich gründlich durchgeplant. Wenn die Planung länger dauert als die Umsetzung selbst, kann man auch ohne Planung starten.

Auch hier gilt es, keine aufwendigen Tools zu nutzen, die vielleicht sogar noch erlernt, in jedem Fall aber gepflegt werden müssen. Nur wenn ein Tool eine wirkliche Zeitersparnis bringt und diese auch von Anfang an unter Beweis stellt, hat es eine Daseinsberechtigung. Ansonsten halten Sie alle im Team dazu an, dass es bei der Planung nicht um Schönheit geht. Ein Kanban-Board, evtl. kombinert mit einem vorhandenen Ticket-System, reicht meist völlig aus.

Natürlich gilt das Prinzip „Unnötiges weglassen" auch für das Projekt selbst. Expertinnen und Experten, die die Möglichkeit haben, sich in ihrem Bereich „auszutoben", neigen manchmal dazu, eine Lösung anzustreben, die mehr kann, als man wirklich braucht.

Nicht jedes Schleifchen, das noch an eine Software programmiert wird, bringt der Kundschaft einen spürbaren Nutzen. Stattdessen kostet es das Projekt-Team und somit das Unternehmen Zeit. Gerade für einen ersten Wurf ist es meist viel sinnvoller, sich auf die wirklich wertstiftenden Aspekte eines Produkts zu konzentrieren und alles andere auf – vielleicht – später zu verschieben. Manche Ideen erledigen sich dann schon von selbst.

Klären Sie daher auch zu einem möglichst frühen Zeitpunkt den Qualitätsstandard, den Sie bei dem Projekt erreichen wollen (s. dazu auch „Der menschliche Faktor"). Es muss allen klar sein, und zwar schon vor der eigentlichen Planung, ob ein schneller Prototyp reicht, die allseits bewährte 80-Prozent-Lösung oder ob es die fehlerfreie, endlos durchgetestete 100-Prozent-Variante sein muss. Und es muss besprochen werden, was der Qualitätsstandard in der Ausgestaltung der einzelnen Tasks konkret bedeutet.

Nur so erhält man ein stimmiges Vorgehen ohne diesbezügliche Missverständnisse.

Das Thema unnötiger, zu häufiger Feedback-Schleifen für Absprachen wird sich damit zwar nicht ganz aus der Welt schaffen lassen, aber sicherlich erheblich reduzieren. Ansonsten gilt es, dass Feedback-Schleifen auf ein notwendiges Minimum reduziert werden müssen.

Und dies geht oftmals nur mit einer entsprechenden Ansage. Jeder im Projekt-Team darf seine Meinung zu etwas äußern, aber es muss auch klar sein, dass nicht jede Meinung berücksichtigt werden kann, ohne dass dies persönlich genommen wird und sich damit auf die weitere Arbeitsleistung der Person auswirkt. Wenn alle Kommentare gehört sind, muss ein Verantwortlicher im Projekt-Team entscheiden, was berücksichtigt wird und was nicht. Mehr dazu auch im Kapitel „Erwachsene wie Erwachsene behandeln".

2.1.4 Unnötiges weglassen in der eigentlichen Arbeit

Dieser Punkt ist an dieser Stelle nur der Vollständigkeit halber eingefügt. Denn auch dieses Thema ist so umfangreich, dass wir es im Detail als eigenes Prinzip behandeln. Die Kernfrage hier lautet: Selbst wenn man alle sonstigen Meetings streicht, wieviel arbeitet ein einzelner Mitarbeiter wirklich „netto" von seinen durchschnittlich acht Stunden täglicher Arbeitszeit? Und arbeitet er zwischen den Pausen lange genug, dass er in den produktiven Zustand des „Flows" geraten kann oder wird er immer wieder zwischendurch von Kollegen zur Kaffee- oder Raucherpause abgeholt, vom blinkenden internen Messenger herausgerissen usw.? Dies birgt ein ungeheuer großes Potenzial, um mehr produktive Zeit zu gewinnen und wir erläutern dies im übernächsten Kapitel mit dem Prinzip „Einfach mal machen".

Das erste Grundprinzip des Weglassens und der Einfachheit kurz zusammengefasst: Unnötiges weglassen ist ein entscheidender Schlüssel, um möglichst viel Zeit zur Umsetzung der eigentlichen Aufgaben zu haben bzw. zu erlangen. Es kommt in allen Bereichen zur Anwendung und besteht im Wesentlichen aus zwei Handlungsaufforderungen:

2.1.4.1 Konsequent Dinge weglassen

Der einzige Weg, mehr Zeit in die gerade anstehende Aufgabe zu stecken, ist, alles andere nicht zu tun. Man kann vielleicht nicht alles weglassen, aber doch deutlich mehr, als man meint. Dies ist eine anstrengende Umstellung, denn der Mensch ist nun mal ein Gewohnheitstier und dafür muss er an alle seine Gewohnheiten ran. Aber dann kann es wahre Wunder bewirken. Der größte und oft einfachste Ansatzpunkt ist hier das Reduzieren von Meetings.

2.1.4.2 Wo es geht, vereinfachen

Vereinfachen muss man in zweierlei Hinsicht: Alles rund ums Arbeiten muss für eine möglichst hohe Effizienz vereinfacht werden, und zwar für möglichst alle Mitarbeiterinnen und Mitarbeiter und nicht nur für die, die eh schon Methoden-Freaks sind. Nur dann, ohne ewiges Erlernen der Methodik selbst, gelingt eine möglichst schnelle Umsetzung.

Und inhaltlich beim Projekt selbst muss man es möglichst einfach halten, um schnell vorankommen zu können und sich nicht zu verlieren in unnötigen Features, Planungen, Meetings, Abstimmungsschleifen usw.

2.2 Prinzip 2: Transparenz

Management Summary

Transparenz im Projekt ist wichtig, um jederzeit die wichtigste Frage für alle Beteiligten zu beantworten: Wann wird das Projekt fertig sein? Transparenz erledigt zwar keine Arbeit, hilft aber dabei, zu erkennen, wenn etwas im Projekt nicht gut läuft. Außerdem sind in einer transparenten Arbeitsumgebung alle am Projekt Beteiligten jederzeit mit den relevanten Informationen versorgt, sodass schneller und direkter agiert werden kann.

Wir fordern mit der Katana-Methode absolute Transparenz für das Projekt. Das bedeutet, dass alle Projekt-Mitglieder auf alle Informationen zurückgreifen können. So müssen nicht ständig Informationen in langen Gesprächen eingeholt werden, sondern sie liegen bereits vor. Entscheidungen können daher immer auf Basis der richtigen Daten getroffen werden.

Zu den relevanten Informationen zählen Finanzen, Termine, Aufgaben, Verantwortlichkeiten und der Status des Projekts zu jedem Zeitpunkt. Auch Informationen über die eigene Arbeit zählen zur Transparenz. Als Projektleiter sollte von Anfang an absolute Transparenz vorgelebt werden, damit die Mitarbeiter und Mitarbeiterinnen sich an einem Vorbild orientieren können.

Transparenz wird am einfachsten erreicht, wenn Systeme zur Verfügung gestellt werden, die es besonders leicht machen, alle relevanten Informationen zu geben und einzusehen. Verstöße gegen absolute Transparenz geschehen dann bewusst und sollten geahndet werden. Dabei muss jedoch darauf geachtet werden, dass Transparenz nicht mit Kontrolle gleichgesetzt wird, damit keine Angst vor Fehlern aufkommt.

Wenn es um Projekte geht, gibt es eigentlich nur eine Frage, die für alle dieselbe Relevanz hat, und diese Frage lautet: „Wann ist das Projekt fertig?" Natürlich interessiert man sich als Projektmanager und Stakeholder auch für die Qualität, die Kosten und die Mitarbeiterzufriedenheit. Aber ein neues Feature kann mit Schleifchen programmiert sein, absolut günstig und alle Mitarbeiterinnen und Mitarbeiter zu Jubelschreien inspirieren. Wenn der Zeitpunkt auf dem Markt dafür vorbei ist, haben Sie damit nur Ihre Zeit verschwendet.

Im ersten Kapitel haben wir Ihnen die Punkte vorgestellt, die es besonders schwierig machen, Projekte zuverlässig und planbar zu gestalten. Komplexität war einer davon. Und Komplexität sorgt auch regelmäßig dafür, dass die Frage „Wann ist es fertig?" einfach nicht zu beantworten ist. Wenn der Ausgang eines Projekts von vielen externen Faktoren abhängt und sich bei den Rahmenbedingungen und auch beim Team ständig etwas ändert, kann (und will!) niemand ein Enddatum für das Projekt in Stein meißeln.

Umso wichtiger ist es jedoch, die Informationen, die man verlässlich bestimmen kann, jederzeit zur Hand zu haben. Dies erreicht man durch absolute Transparenz. Denn wenn Sie wissen, dass zwei Mitarbeiter weit hinter den gesteckten Zielen zurückliegen, weil einer z. B. krank ist, und der Wettbewerber vor Kurzem ein ähnliches Feature auf den Markt gebracht hat, bringt Sie das zwar nicht unbedingt näher an ein konkretes Datum, zu dem das Projekt fertig gestellt ist. Es hilft Ihnen und dem gesamten Projekt-Team jedoch dabei, den Stand des Projekts realistisch zu beurteilen und eine gute Grundlage für Entscheidungen zu finden.

2.2.1 Was ist mit absoluter Transparenz gemeint?

Das Wort „Transparenz" ist mittlerweile in vielen Unternehmen so zum Buzzword verkommen, dass jeder sie einfordert, aber keiner so recht weiß, was damit gemeint ist. Aus unserer Sicht ist sie allerdings essenziell für alle am Projekt Beteiligten. Denn wenn auch nur einem Projekt-Mitglied wichtige Informationen fehlen, können Entscheidungen nicht richtig getroffen oder nachvollzogen werden. Da jeder im Projekt täglich hunderte kleine und große Entscheidungen trifft und diese auch am Projektziel orientiert sein sollen, ohne dass mit jedem Einzelnen stundenlange Klärungsgespräche geführt werden, ist es wichtig, dass **jeder** wirklich **alle** Informationen zur Verfügung hat – auch, wenn er diese anfangs nicht zu benötigen scheint.

Absolute Transparenz im Projekt setzt sich unserer Erfahrung nach daher aus den im Folgenden definierten drei Komponenten zusammen. Nur, wenn alle drei erfüllt sind, ist ein Level an Transparenz erreicht, das ein sinnvolles und effizientes Arbeiten am Projekt ermöglicht.

2.2.1.1 Absolute Transparenz bezieht sich auf alle für das Projekt relevanten Informationen

In Unternehmen ist es üblich, dass man umso mehr Informationen zur Verfügung hat, je mehr Verantwortung man trägt. Das ist insofern auch sinnvoll, dass allein aus datenschutzrechtlicher Sicht nicht jeder alle Informationen haben darf. Darüber hinaus werden Informationen jedoch häufig zurückgehalten, um die eigene Verhandlungsposition nicht zu schwächen bzw. um die eigene Stellung zu festigen – also aus politischen Gründen. Solche Gedanken sollte man sich schnell abgewöhnen, wenn man ein erfolgreiches Projekt durchführen möchte. Denn jeder, der weniger Informationen hat als man selbst, wird eine Situation anders beurteilen und Entscheidungen so treffen, wie man sie selbst nie getroffen hätte.

Beispiel: Transparenz bei der wirtschaftlichen Situation des Unternehmens

In vielen Unternehmen wird nicht offengelegt, wie gut oder schlecht es dem Unternehmen finanziell gerade geht. Begründet wird dies damit, dass die Mitarbeiter mit großen Zahlen nicht so gut umgehen können oder dass sie vielleicht in der nächsten Gehaltsverhandlung darauf Bezug nehmen werden.

Ganz sicher stimmt zumindest der zweite Part, aber Aufgabe eines Geschäftsführers oder einer Abteilungsleiterin ist es eben auch, Dinge zu erklären oder einfach zu entscheiden, selbst, wenn das Gegenüber über gute

Argumente verfügt. Wenn in einem Unternehmen offen mit den entsprechenden Zahlen umgegangen wird, entwickeln Mitarbeiter über kurz oder lang ein Gefühl für Kosten und Zeit und auch Verständnis dafür, dass Projekte schnell umgesetzt werden müssen, wenn man den Anschluss an den Wettbewerb nicht verpassen möchte.

Natürlich können Sie das auch ohne Zahlen und Daten einfach einfordern. Aber Ihre Glaubwürdigkeit und die Effizienz Ihres Unternehmens werden zunehmen, wenn Sie wirklich alle Informationen offenlegen.

Transparenz bezieht sich natürlich nicht nur auf Daten, sondern auch auf Informationen zum Projektstatus und auf die Tätigkeiten der einzelnen Team-Mitglieder. Jeder muss jederzeit sehen können, welche Aufgaben die einzelnen Beteiligten haben, wie sie damit vorankommen und welche kritischen Deadlines eventuell in Gefahr sind, weil es noch irgendwo hakt.

Nur so ist es möglich, dass unkompliziert umpriorisiert und Einzelnen geholfen werden kann. Und es nimmt auch jedem die Möglichkeit, sich im Team zu verstecken und darauf zu hoffen, dass Probleme nicht sichtbar werden. In einer Unternehmenskultur, die auf absoluter Transparenz aufbaut, ist es dabei besonders wichtig, Vertrauen darauf aufzubauen, dass niemand wegen eines Fehlers direkt ernste Konsequenzen spüren wird.

2.2.1.2 Im Projekt herrscht Informationsgleichheit, das heißt, alle haben dieselben Informationen zur Verfügung

Auch, wenn sich in jedem Projekt-Team eine gewollte oder ungewollte Hierarchie herausbildet, ist es wichtig, dass diese nicht mit Informationsungleichheit einhergeht. Niemand soll mehr Informationen erhalten, weil er einen bestimmten Titel trägt oder weil er sich gut mit der Abteilungsleiterin versteht. Stattdessen ist es absolut wichtig, dass jeder Zugriff auf dieselben Informationen erhält. Andernfalls können Entscheidungen nicht schnell und effizient getroffen werden – oder werden eben falsch getroffen, weil kein vollständiges Bild vorliegt.

2.2.1.3 Von jedem Projekt-Mitglied wird absolute Transparenz erwartet

Informationen erhält jeder gerne. Sie selbst zu liefern, ist dagegen auch schon mal unangenehm. Wer ehrgeizig ist, lässt seine Leistungen vielleicht gerne mit denen anderer Kolleginnen und Kollegen vergleichen, vor allem, wenn man gerade an Aufgaben arbeitet, die einem sehr gut liegen. In aller Regel wollen Mitarbeiter aber gar nicht, dass so genau sichtbar wird, woran sie konkret arbeiten und wie weit sie damit sind. Das liegt nicht einmal daran, dass sie etwas verstecken wollen. Vielmehr empfinden viele Menschen es als Schande, nicht als Erste durchs Ziel zu gehen oder gar als Letzter mit der Projektaufgabe fertig zu werden.

Solche Emotionen lassen sich nicht verhindern. Sie können jedoch mit einer offenen und vertrauensvollen Unternehmenskultur dazu beitragen, dass niemand an den Pranger gestellt wird, sondern jeder stattdessen die Unterstützung erhält, die er gerade benötigt. Einige Projektmanagement-Tools versuchen auch durch einen spielerischen Social-Media-Charakter eher auf positive Verstärkung von Erfolgen als auf negative Verstärkung von Misserfolgen zu setzen. Auch, wenn dies gerade für Berufseinsteiger der Generation Y den Übergang vom Studium ins Berufsleben leichter macht, denken wir, dass solche Methoden nicht notwendig sind, um eine Kultur der wertschätzenden Transparenz zu schaffen – mehr dazu bei unserem Prinzip „Erwachsene wie Erwachsene behandeln".

2.2.2 Wie Sie in Ihrem Projekt vollständige Transparenz erreichen können

Nachdem wir nun auf die Bedeutung von absoluter Transparenz eingegangen sind, fragen Sie sich sicher, wie Sie Ihr Projekt (oder Ihr gesamtes Unternehmen) so ausrichten können, dass tatsächlich von allen Transparenz gelebt wird. Uns ist selbst klar, dass dies keine einfache Aufgabe ist und vor allem in weniger transparenten Unternehmen Beharrlichkeit und gutes Change Management erfordert. Die folgenden vier Punkte werden Ihnen dabei helfen, dass die geforderte Transparenz auf Akzeptanz stößt und Ihr Unternehmen dadurch deutlich an Geschwindigkeit zulegen wird.

2.2.2.1 Vorleben

Bevor Sie damit beginnen, Ihre Mitarbeiterinnen und Mitarbeiter zu mehr Transparenz zu „verdonnern", fangen Sie bei sich selbst an. Informieren Sie darüber, was Sie tun und warum Sie es tun. Erklären Sie Entscheidungen und lassen Sie Mitarbeiter erkennen, welche Motive hinter Ihren Zielen stecken. So machen Sie es allen Team-Mitgliedern leichter, Ihrem Beispiel zu folgen und selbst transparent Informationen zur Verfügung zu stellen.

Ein Hinweis hierzu: Transparenz wird von manchen Mitarbeitern als Einladung verstanden, Entscheidungen zu hinterfragen und in Zweifel zu ziehen. Auch wenn es gut ist, wenn sich jeder offen äußert, sollte dies nicht in eine Diskussionskultur abdriften, in der jeder sein Alternativ-Universum für ein besseres Unternehmen entwirft. Die Grenze zwischen Teilhabe, konstruktiver Kritik und unnötiger Ablenkung vom Tagesgeschäft zu ziehen, ist schwierig und erfordert einiges an Standfestigkeit. Dennoch lohnt es sich, selbst Informationen zu teilen, um zu zeigen, dass Informationen im Unternehmen allen gehören. Der professionelle Umgang damit hilft auch Ihrem Unternehmen insgesamt dabei, sich weiterzuentwickeln.

2.2.2.2 Transparenz einfordern – von allen

Damit allen Beteiligten von Anfang an klar ist, dass Transparenz keine Einbahnstraße ist, sollten Sie in dem Moment, in dem Sie offener Informationen verteilen, auch damit beginnen, mehr Transparenz einzufordern. Gerade anfangs tun sich viele Mitarbeiterinnen und Mitarbeiter schwer damit, allen mitzuteilen, woran Sie gerade arbeiten oder wie viel Zeit sie für bestimmte Dinge benötigen. Vor allem Teamleiterinnen und Teamleiter, die es bisher gewohnt waren, relativ kontrollfrei mit ihrer Zeit machen zu können, was sie wollten, werden nur widerstrebend ihre gefühlte Machtposition wieder aufgeben. Daher ist es wichtig, dass Sie gerade zu Beginn der absoluten Transparenz immer wieder einfordern, dass jeder die Informationen bereitstellt, die er geben kann, und darauf hinweisen, dass nur so sichergestellt werden kann, dass das Projekt wirklich transparent durchgeführt werden kann.

2.2.2.3 Einfache Systeme schaffen

Wenn es zu schwierig ist, Informationen zur Verfügung zu stellen, wird es niemand tun – und das aus gutem Grund. Schließlich hat jeder andere und bessere Dinge zu tun, als Listen auszufüllen, Berichte zu schreiben und Prozesse zu dokumentieren.

Um von Anfang an diese Hürde so niedrig wie möglich zu halten, sollten Sie einfache Systeme einführen, mit denen jeder leicht Transparenz über seine Arbeit und seine Arbeitsergebnisse herstellen kann. Schon in eigenem Interesse sollten Sie die Systeme, in denen jeder seinen Projektstatus mitteilt, so einfach wie möglich halten. Schließlich wollen Sie nicht, dass wertvolle Projektzeit in die Pflege von komplizierten Tools fließt.

Tipp

Das einfachste System besteht aus Zetteln, die gut sichtbar irgendwo ausgehängt werden. Das können Post-its, Ausdrucke von Arbeitsergebnissen oder ausgefüllte Time-Sheets sein – wichtig ist, dass alle Informationen einfach einzutragen und abzulesen sind.

Sie können aber auch in einer einfachen Excel- oder Google-Tabelle alle projektrelevanten Informationen sammeln und dokumentieren lassen und diese allen Projekt-Mitgliedern zugänglich machen, sodass jeder jederzeit nachschauen kann, wie es um das Projekt in Summe gerade steht.

2.2.2.4 Mangelnde Transparenz ahnden

Egal, wie gut Sie es vorleben, wie häufig Sie Transparenz einfordern und wie einfach Sie es Ihren Mitarbeitern machen, Informationen zur Verfügung zu stellen, es wird immer einige Kandidatinnen oder Kandidaten geben, die versuchen, Intransparenz zu schaffen.

Im Hinblick auf den Informationsstand des gesamten Projekts ist das nicht einmal wirklich tragisch, wenn es sich hierbei um einzelne Kandidaten handelt, die nur ab und zu intransparent sind. In aller Regel reichen die Informationen der übrigen Team-Mitglieder, um sich ein umfassendes Bild zu verschaffen.

Allerdings können schon einzelne Verweigerer Ihre Vision von der absoluten Transparenz zerstören, denn wenn einige wenige damit durchkommen, werden andere diesem Beispiel schnell folgen und auch nur noch unvollständige Informationen liefern. Schließlich scheint es Ihnen ja nicht so wichtig damit zu sein.

Daher ist es erforderlich, dass Sie die Verweigerung absoluter Transparenz ahnden. Wenn sichergestellt ist, dass es einfach und nicht aufwendig ist, alle Informationen zur Verfügung zu stellen, nimmt der Verweigerer Ihr Projekt entweder nicht ausreichend ernst oder er hat sich bewusst dazu entschlossen, Ihre Regeln nicht zu akzeptieren. Beides können Sie nicht unbeantwortet im Raum stehen lassen.

Sollten auch ernste Gespräche nicht helfen, sollten Sie auf solche Mitarbeiter nicht im Projekt setzen – egal, für wie wichtig Sie ihre sonstigen Fähigkeiten halten. Wer nur arbeiten kann, wenn für ihn oder sie besondere Regeln gelten, ist für die Teamarbeit ganz offensichtlich nicht gemacht – und sollte entsprechend für andere Aufgaben eingesetzt werden.

2.2.3 Transparenz und Kontrolle

Der Grund, dass viele Mitarbeiterinnen und Mitarbeiter nicht gerne Transparenz über ihre Arbeit zulassen, ist, dass sich vollständige Transparenz wie Kontrolle anfühlt. Nicht ohne Grund: Tatsächlich liegt das daran, dass Transparenz natürlich auch eine Kontrollfunktion erfüllt. Darüber sollten Sie Ihre Mitarbeiter gar nicht erst täuschen.

Allerdings können Sie sehr wohl etwas am negativen Image der Kontrolle ändern. Das Bild vieler Menschen von Kontrolle stammt noch aus Kinder- und Schulzeiten, wo Erwachsene – also Menschen mit mehr Macht als man selbst – überprüft haben, ob man regelkonform gehandelt hat, und einen ansonsten bestraften – durch Hausarrest, Fernsehverbot oder eine schlechte Note in der Schule. Natürlich empfinden viele Menschen aufgrund dieser Erfahrungen allein die Tatsache, dass sich jemand die eigenen Arbeitsergebnisse anschaut, als Bevormundung und als besten Weg zu negativen Konsequenzen.

Dabei hat Kontrolle im Unternehmen weniger etwas mit „kontrollieren" als vielmehr mit „die Kontrolle über das Geschehen behalten" zu tun – und hierfür ist es erforderlich, dass Informationen zum Geschehen vorliegen. Sensibilisieren Sie Ihre Team-Mitglieder also dahingehend, dass Sie nicht den Einzelnen kontrollieren wollen, wohl aber die Situation. Zeigen Sie außerdem immer wieder, dass niemand sich allein in einer Prüfungssituation befindet, sondern dass Sie alle gemeinsam ein Ziel erreichen wollen, wofür Sie einen guten Überblick benötigen. Wenn Sie außerdem selbst die Informationen geben, die Sie von anderen erwarten, nimmt das Ihren Mitarbeiterinnen und Mitarbeitern irgendwann ganz automatisch die Angst vor Transparenz und Kontrolle.

2.3 Prinzip 3: Einfach mal machen

Management Summary

Gerade große Unternehmen halten sich oft selbst davon ab, von der Planung in die Handlung zu kommen. Unser Lösungsansatz hierzu lautet: einfach mal machen – Dinge ausprobieren, anstatt sie immer weiter zu erforschen und zu evaluieren. Feinde dieses Prinzips sind Bedenkenträger, die immer weiter evaluieren und bewerten wollen, bevor sie ins Tun kommen. Evaluationen sind natürlich sinnvoll, aber sie ändern sich auch schnell. Unser agiler Ansatz sieht stattdessen vor, jetzt zu handeln, Diskussionen abzukürzen und Evaluationen auf das Nötigste zu beschränken. Denn Diskussionen sind zwar grundsätzlich gut und helfen dabei, Projekte und Ideen von verschiedenen Seiten zu beleuchten. Sie müssen aber trotzdem gesteuert und rechtzeitig beendet werden, da Unternehmen einen betriebswirtschaftlichen Zweck verfolgen und nicht endlos über alles diskutiert werden kann, wenn man den Anschluss an den Wettbewerb nicht verlieren möchte.

„Einfach mal machen" sollte auch das Prinzip bei der täglichen Arbeit sein. Das schließt ein, sich zu überlegen, wie viele Stunden jeder Mitarbeiter netto an einem 8-Stunden-Arbeitstag tatsächlich produktiv arbeitet und wie viele davon er konzentriert am Stück mit seinen Aufgaben verbringen kann.

Wir schlagen vor, mit Mitarbeitern zu vereinbaren, dass bei einem 8-Stunden-Tag netto 6 Stunden gearbeitet werden und möglichst lange Phasen davon ununterbrochen am Stück. Am besten vereinbaren Sie von Anfang an gemeinsam mit Ihren Mitarbeitern klare Regelungen zu Pausen und zu Ablenkungen am Arbeitsplatz (zum Beispiel durch interne und externe Messenger und persönliche Gespräche mit Kollegen und Kolleginnen).

Wenn Sie Ihre Mitarbeiter und Mitarbeiterinnen davon überzeugen wollen, sich zu trauen, „einfach mal zu machen", müssen Sie auch eine offene Fehlerkultur etablieren. Nur wenn Fehler in vertrauensvoller Umgebung offen geteilt und besprochen werden können, kann man daraus lernen und sich auch in Zukunft trauen, Neues auszuprobieren. Denn nichts ist wichtiger, als wirklich Dinge umzusetzen, um das Projekt abzuschließen.

Dies muss man auch immer wieder denjenigen sagen, die gerne Vorschläge in der Form von „Man müsste mal …" einbringen, selbst aber nicht in die Umsetzung gehen. Klare Verantwortlichkeiten sorgen dafür, dass nicht immer alles nur im Bereich des Möglichen (und des Konjunktivs) bleibt.

Wenn Sie eine höhere Akzeptanz für die Regeln erreichen wollen, sollten Sie sie gemeinsam mit dem Team konkretisieren und ausformulieren. Je früher diese Regeln eingeführt werden, desto leichter wird es, sie von Anfang an im Projekt zu verinnerlichen und den größtmöglichen Gewinn daraus zu ziehen.

Der Schlüssel zu schnellerer Time to Market (= Zeit, in der das entwickelte Produkt am Markt verfügbar ist), lautet: einfach mal machen. Hört sich zu simpel an? Tatsächlich ist es so simpel. Nichts wird je an den Markt gebracht, wenn Sie nicht Dinge erledigen. Also: Gehen Sie gemeinsam mit Ihrem Team so schnell wie möglich an die Umsetzung.

Der Feind dieses Prinzips sind Bedenkenträger jedweder Art. Diese wollen möglichst lange planen, ausprobieren und Unwägbarkeiten doch abwägen. Und verschieben so die eigentliche Umsetzung immer weiter nach hinten. Missverstehen Sie uns nicht: Eine sorgfältige Planung mit entsprechender Recherche und Marktevaluierung ist natürlich absolut sinnvoll. Aber in klar (vor allem zeitlich) abgestecktem Umfang und mit einer finalen Entscheidung zur anschließenden Handlung, wenn es dann entschieden ist. Darüber hinaus gehende Planung und vor allem genauere Forschung rennen sich nur selbst hinterher. Die Märkte ändern sich so rasend schnell, dass die Vorhersagekraft von Studien immer geringer wird und eine immer kürzere Gültigkeit besitzt.

Auch hier hat sich seit langem ein agiler Ansatz bewährt, das heißt, es wird immer das geplant, was für die anstehenden Aufgaben wirklich erforderlich ist. Dies bedeutet aber mitnichten ein einfach nur schwammiges Vorgehen, sondern ganz konkret, dass Sie handeln und aktiv werden, und zwar jetzt.

Neben dem „tot evaluieren" kann man den Erfolg eines Projekts natürlich auch „tot diskutieren". Auch hier muss jedes Team-Mitglied noch mal deutlich darauf hingewiesen werden: Eine Firma hat einen betriebswirtschaftlichen Zweck. Projekte müssen umgesetzt und nicht nur diskutiert werden, damit dieser Zweck erfüllt werden kann. Außerdem ist ein Unternehmen kein Verein, wo basisdemokratisch beschlossen wird. Der Wettbewerb zwingt zu schnellem Handeln, und dafür braucht es schnelle Entscheidungen. Grundsätzlich gilt für die meisten Bereiche, dass man lieber einen schnellen ersten Versuch macht, daraus lernt und Verbesserungen ableitet, diese Verbesserungen direkt einfließen lässt und es gleich noch einmal probiert.

Das Prinzip „einfach mal machen" bezieht sich aber nicht nur auf das allgemeine Vorgehen beim Projekt, sondern auch auf das konkrete Arbeitsverhalten der einzelnen Team-Mitglieder und auf ihr Zusammenarbeiten.

An dieser Stelle möchten wir nun die beiden bereits erwähnten Fragestellungen angehen:

1. Wie viel arbeitet ein einzelner Mitarbeiter wirklich „netto" von seinen durchschnittlich acht Stunden täglicher Arbeitszeit?
2. Und arbeitet er lange genug ohne Unterbrechungen, dass er sich wirklich tief in ein Thema reinarbeiten kann?

2.3.1 Die Netto-Arbeitszeit

Vielleicht werden Sie nun sagen, dass in Ihrem Unternehmen acht Stunden tägliche Arbeitszeit vereinbart sind und diese auch bezahlt werden und dass sich die Frage nach einer „Netto-Arbeitszeit" doch eigentlich gar nicht stellen darf. In der Realität sieht es anders aus und Brutto- und Netto-Arbeitszeit weichen aus verschiedenen Gründen stark voneinander ab.

Viele kompensieren diesen Umstand durch längere Arbeitszeiten, sodass jemand dann zehn Stunden im Büro bleibt, aber seine Netto-Arbeitszeit wohl auch auf kaum mehr als acht Stunden kommt, zumal bei immer längeren Zeiten die Effektivität beim Arbeiten derart schwindet, dass es kaum noch vertretbar ist. Nach unserer Erfahrung sind bei einem Acht-Stunden-Arbeitstag sechs Stunden wirkliche Netto-Arbeitszeit ein sehr guter Kompromiss für alle Beteiligten.

Wie erreichen wir dies? Man einigt sich ganz offen gemeinsam darauf. Entweder mit jedem Einzelnen, besser aber noch zusammen mit dem Team. Wir schließen also sozusagen ergänzend zum Arbeitsvertrag ein zwar nicht rechtsverbindliches, aber doch verbindliches gemeinsames Commitment, eine Vereinbarung mit dem Team ab. Diese kann im abgesteckten zeitlichen Rahmen auch zu Teilen gemeinsam erarbeitet werden, erhöht es auch hier anschließend die allgemeine Akzeptanz.

Auch die folgenden Vereinbarungen können in dieses Team-Agreement einfließen.

2.3.2 Unterbrechungsfreies Arbeiten

Neben der insgesamt geleisteten Arbeitszeit hat auch die von jedem Einzelnen am Stück gearbeitete Zeit einen großen Einfluss auf das Ergebnis eines Projekts. Denn nur, wer konzentriert in seine Arbeit eintaucht, kommt in den sogenannten Flow, arbeitet auf optimalem Level und zieht absolute Befriedigung aus der Arbeit. Als Flow bezeichnet man nach Mihaly Csikszentmihalyi (2019) einen regelrechten Schaffensrausch, einen Zustand, in dem man völlig in einer Aufgabe aufgeht und alles um sich herum vergisst. Für alle Beteiligten ist es also sinnvoll, wenn jeder

Mitarbeiter und jede Mitarbeiterin möglichst lange, möglichst ungestört an den eigenen Aufgaben arbeiten kann.

Die Realität in den Unternehmen sieht jedoch anders aus. Klar, niemand kann acht Stunden am Stück konzentriert arbeiten. Nicht mal vier Stunden sind realistisch. Aber was können wir dann einfordern, bzw. besser noch, auf was kann man sich gemeinsam einigen, zumindest minimal? Der Arbeitsvertrag sieht natürlich pauschal ein gewisses Pensum vor, definiert aber leider nicht die eigentlich wichtigen Details dazu. Denn niemandem bringt es etwas, wenn ich acht Stunden vor Ort bin, aber mich ständig aus der Arbeit auslogge und auf diese Weise mich selbst und andere immer wieder herausreiße. Um den Flow-Effekt zu erreichen, bedarf es neben einigen anderen Faktoren zumindest einer gewissen Zeit des ungestörten Arbeitens an einer Sache. Wer alle zehn Minuten gestört wird durch Kollegen, die einen persönlich zur Kaffeepause oder Zigarette abholen oder einen per internen oder externen Messenger einladen, der erreicht diesen Zustand mit Sicherheit nicht. Gehälter werden aber nicht für acht Stunden Anwesenheit bezahlt, sondern eigentlich für acht Stunden geleistete Arbeit. Daher sollte man sich auch hier gemeinsam mit dem Team auf einige Regeln einigen, damit jeder Einzelne und das Team als Ganzes deutlich mehr die Möglichkeit haben, einfach mal die Aufgaben zu machen, die anstehen. Einige Vorschläge für solche Regeln:

2.3.2.1 Pausen

Pausen sind wichtig als kurze Erholung, als kleiner Reset, zum informellen Austausch und für vieles mehr. Wenn aber in einem Team mit acht Leuten morgens jeder zu einer unterschiedlichen Zeit kommt, zwischendurch zu acht unterschiedlichen Zeiten Pausen macht, zu unterschiedlichen Zeiten Mittag und zu unterschiedlichen Zeiten nach Hause geht, können Sie sich vorstellen, wie viele kleine Unterbrechungen ein Tag für den einzelnen Kollegen hat. Wir halten flexible Arbeitszeiten für sehr sinnvoll, aber dafür sollte der restliche Tag möglichst wenige Unterbrechungen bereithalten. Probieren Sie daher verschiedene Varianten. Gute Erfahrungen haben wir beispielsweise mit festen, kurzen Pausen zur vollen Stunde oder alle anderthalb Stunden gemacht oder auch mit Ruhearbeitszeiten ohne Meetings vor allem am Vormittag.

2.3.2.2 Handynutzung und interne Messenger

Einigen Sie sich darauf, dass Handys nur in den Pausen benutzt werden. Bei dem einen bleibt das Handy eh ruhig, der andere aber bekommt jede neue WhatsApp-Nachricht aus jeder seiner Gruppen aufs Display und schaut jedes Mal kurz von der Arbeit hoch. Ebenso sollte man sich darauf einigen, dass der Firmen-Messenger nicht für private Kommunikation benutzt wird. Viele dieser Dinge könnten Sie auch offiziell anweisen, aber gemeinsam erarbeitete und verabschiedete Regeln werden deutlich mehr Beachtung finden.

2.3.2.3 Persönliche Gespräche

Ebenso wie der Messenger sollten auch direkte Gespräche außerhalb der Pausen nur projektbezogene Inhalte berühren. Alles andere, selbst wenn es um firmeninterne Vorgänge geht, die aber nichts mit dem eigentlichen Projekt zu tun haben, sollte auf die Pausen oder Randzeiten des Tages gelegt werden.

2.3.3 Umgang mit Fehlern

Der Feind der schnellen Vorgehensweise ist auch ein angstbesetztes Team, welches dadurch nur zögerlich handelt. Fehlschläge gehören zur Projektarbeit und sind immer dann nicht nur verzeihbar, sondern mitunter auch wertvoll, wenn man aus ihnen lernen kann und zukünftiges Arbeiten besser macht. Stellen Sie daher in Bezug auf Fehler von Anfang an klar, dass Sie einerseits erwarten, dass Fehler unmittelbar nach Erkennen auch dem Team bekannt gegeben werden (Prinzip der Transparenz). Vereinbaren Sie, dass jeder zu seinen Fehlern steht, dies aber bei rein inhaltlichen Fehlern (natürlich ohne Vorsatz und ohne grobe Fahrlässigkeit) ohne weitere Konsequenzen bleibt und Sprüche im Team diesbezüglich verboten sind.

2.3.4 Einfach mal machen vs. „könnte, müsste, sollte"

Der Klassiker in vielen Diskussionen: „Man (also irgendjemand, nur bitte nicht ich selbst) könnte ja mal oder müsste eigentlich mal dieses oder jenes machen." Was danach passiert? Genau. Nichts. Denn auf diese Weise äußern Mitarbeiter oder Mitarbeiterinnen gute Ideen, übernehmen aber selbst keine Verantwortung für deren Umsetzung.

Erlauben Sie daher keine Flucht in den Konjunktiv und damit in die Passivität. Es geht natürlich nicht darum, den Konjunktiv tatsächlich dogmatisch zu verbieten.

Auch hier geht es darum, von Beginn an im Team eine auf Produktivität ausgerichtete Kommunikation zu etablieren. Dies hat mit einer leider weit verbreiteten Einstellung vieler Arbeitnehmer zu tun, die das Gefühl haben, dass die Firma elternähnlich schon für alles sorgen und sich um alles kümmern wird.

Viele Firmen tragen an dieser Einstellung ihrer Leute selbst die Schuld, wenn sie ihnen nicht die Möglichkeit geben, zum mündigen Kollegen zu werden.

Tipp

Vermitteln Sie dem Team, dass es weder in der Firma noch im Team jemanden gibt, der sich schon um ein Problem kümmern wird. Vorschläge müssen so konkret wie möglich mit praktischen Vorgehensweisen, realistischer Umsetzbarkeit und Durchführbarkeit gemacht werden.

Alle anderen Ideen werden in den meisten, unter dem üblichen Wettbewerbsdruck stehenden Unternehmen eh nicht zur Umsetzung kommen.

2.3.5 Produktive Arbeitsatmosphäre

Allgemein gesagt: Versuchen Sie, gemeinsam mit dem Team eine absolut disziplinierte und allein auf das Projekt fokussierte Arbeitsatmosphäre zu schaffen. Manch einem wird dies vor allem anfangs etwas dogmatisch erscheinen und eh schon disziplinierten Menschen auch überflüssig. Aber das sich schnell einstellende Gefühl bei allen von erhöhter Produktivität wird eine sogenannte Positiv-Spirale in Gang setzen und sich selbst im Team verstärken. Im übernächsten Kapitel „Erwachsene wie Erwachsene behandeln" gehen wir auf diesen Punkt auch noch weiter ein.

All diese Ansätze sind, wie bereits erwähnt, viel einfacher durchführbar und auch einforderbar, wenn man sie nicht erstmalig im laufenden Projekt einfordert, sondern von vornherein zusammen als Arbeitsgrundlage vereinbart. Denn dann hat es sehr oft den Effekt, dass sich Mitglieder gegenseitig an die Disziplin erinnern und dies nicht erst durch einen Vorgesetzten durchgesetzt werden muss. Oder um es etwas überspitzt auszudrücken: Wer sich von Anfang an gemeinsam auf Regeln einigt, braucht in den meisten Fällen keinen Vorgesetzten mehr.

Das Prinzip des „Einfach mal machen" setzt sich also aus mehreren Ansätzen zusammen. In einer längeren Zusammenfassung könnte man es so ausdrücken: Einfach mal an die eigentliche Arbeit gehen, die vorherige Planung inklusive aller Annahmen, Modelle und Recherchen auf ein sinnvolles Maß beschränken und dann möglichst schnell an die eigentliche Umsetzung gehen. Dabei möglichst iterativ vorgehen, um nach kurzer Zeit eine erste Version fertig zu haben, die dann verbessert wird, um möglichst schnell eine zweite Version zu haben, die dann wieder verbessert wird usw. Alle am Projekt Beteiligten versuchen, soviel Arbeitszeit wie möglich unterbrechungsfrei in das Projekt zu stecken.

Fehler sollten natürlich vermieden werden, aber es gibt nun mal kein Projekt, in dem keine Fehler gemacht werden. Das ist auch ok, solange man daraus lernt und sich die Fehler daher in der gleichen Form nicht wiederholen. Das Team arbeitet diszipliniert und allein auf das Projekt fokussiert in einer produktiven und damit für alle zufriedenstellenden Arbeitsatmosphäre.

2.4 Prinzip 4: Klarheit

Management Summary

Mangelnde Klarheit lässt viele Projekte scheitern. Oft herrscht erschreckend wenig Klarheit in Projekten, z. B. bei Themen wie Erwartungen, Deadlines, Anforderungen oder Verantwortlichkeiten. Das kann auch daran liegen, dass jeder Mensch etwas anderes unter Klarheit versteht. Aus unserer Sicht sind für die Projektarbeit vor allem zwei Aspekte der Klarheit wichtig: Klarheit in der Kommunikation und Klarheit in den Projekt-Strukturen.

Klarheit in der Kommunikation kann eigentlich nie zu 100 % erreicht werden. Missverständnisse sind normal. In jeder Kommunikationssituation treffen nicht einfach zwei Menschen, sondern deren gesamte Vorerfahrung und Geschichte aufeinander. Der Boden, auf den eine Information fällt, formt und verändert diese. Wie erreicht man trotzdem Klarheit in der Kommunikation? Durch Bewusstheit. Nur, wer sich bewusst ist, dass der Normalzustand darin besteht, missverstanden zu werden, kann Klarheit in der Kommunikation erreichen. Das bedeutet konkret, dass man nicht so kommunizieren soll, dass man verstanden werden kann, sondern so, dass man nicht missverstanden werden kann.

Jeder an der Kommunikation Beteiligte ist verantwortlich für zwei Dinge: Wer eine Information weitergibt, sorgt dafür, dass sie von allen verstanden wird. Wer eine Information erhält, sorgt dafür, dass er sie wirklich versteht. Das bedeutet: Es besteht Verantwortung auf allen Seiten für eine Kommunikationssituation, die später nicht auf die andere Partei abgeschoben werden kann. Während der Kommunikation muss man daher direkt prüfen, ob ein übereinstimmendes Verständnis bei allen besteht. Der Sender fragt nach oder lässt wiederholen, was von seiner Information angekommen ist. Der Empfänger fragt nach, wenn er etwas nicht verstanden hat, und gibt das Verstandene am besten in eigenen Worten wieder.

Klar zu kommunizieren bedeutet auch, unangenehme Wahrheiten deutlich auszusprechen und darauf zu achten, dass sie beim Gegenüber ankommt. Hiermit ist vor allem kritisches Feedback gemeint, dass nicht von allen gleich stark empfunden wird.

Durch Klarheit in der Kommunikation werden auch Diskussionen auf ein Minimum reduziert, weil es weniger Missverständnisse gibt, die zu einem späteren Zeitpunkt ausgeräumt werden müssen.

Der zweite Aspekt der Klarheit umfasst die Klarheit in den Strukturen. Entscheidungswege, Rollen, Verantwortlichkeiten und Erwartungen müssen jedem im Projekt von Anfang an klar sein, um Missverständnisse und Enttäuschungen zu vermeiden.

Die meisten Mitarbeiter und Mitarbeiterinnen im Unternehmen verlassen sich darauf, dass durch die Festlegung eines Organigramms die Entscheidungswege klar sind. In jedem Unternehmen gibt es jedoch auch informelle Entscheidungswege, die nicht nach Hierarchien, sondern nach Kompetenzen, sozialen Strukturen und Sachzwängen ausgerichtet sind. Wenn Entscheidungswege nicht klar sind, werden Entscheidungen entweder von demjenigen getroffen, der es am besten kann, oder von demjenigen, der sich traut. Besser ist es, Entscheidungen nicht dem Zufall zu überlassen. Der Projektmanager trägt die Verantwortung dafür, dass die Entscheidungswege so klar sind, dass immer derjenige, der dafür am besten geeignet ist, eine Entscheidung trifft. Am besten laufen Entscheidungen zunächst über den Projektmanager, der nach und nach ähnliche Entscheidungen delegiert.

Auch Rollen und Verantwortlichkeiten müssen von Anfang an klar sein. Projekt-Teams werden nicht in einer idealen Welt zusammengestellt. Manche Team-Mitglieder sind da, weil sie etwas Ähnliches schon gemacht haben oder weil sie gerade verfügbar sind. Daher ist manchen die eigene Rolle gar nicht klar. Am besten führen Sie direkt zu Beginn ein klärendes Gespräch mit allen Projektteilnehmern über gegenseitige Erwartungen.

Vollständige Klarheit ist nicht zu erreichen, auch, weil sie von manchen gar nicht gewünscht ist. Oft ist Klarheit aber in unserer komplexen Welt auch gar nicht möglich. Dies muss man im Projekt akzeptieren, während man gleichzeitig immer nach einer Verbesserung streben sollte.

Klarheit gehört zu den Dingen, die sich jeder wünscht und die jeder unterschiedlich definiert. Gerne wird bei scheiternden Projekten darauf verwiesen, dass die Anforderungen unklar waren oder dass nicht genau genug kommuniziert wurde, wann das Projekt denn nun wirklich fertig sein sollte. Auch Verantwortlichkeiten sind manchmal nicht jedem klar, selbst (oder leider oft gerade) dann nicht, wenn man selbst verantwortlich ist.

Tatsächlich führt mangelnde Klarheit oft dazu, dass Projekte scheitern oder sich zumindest stark verzögern. Denn jedes Missverständnis, jede zweimal eingeholte Information und jede unter falschen Voraussetzungen getroffene Entscheidung kosten Zeit und Geld – manchmal eben so viel, dass das gesamte Projekt aus dem Ruder läuft.

Um Klarheit einfordern zu können, muss natürlich auch dieser Begriff selbst klar und damit präzise definiert sein. Für ein erfolgreiches Projektmanagement sind aus unserer Sicht vor allem zwei Punkte relevant, auf die wir im Folgenden eingehen werden:

1. Klarheit in der Kommunikation und
2. Klarheit in den Strukturen.

Wenn Sie es schaffen, Ihr Projekt in diesen beiden Punkten klar und für alle durchschaubar zu gestalten, sind Sie dem Projekt-Erfolg bereits einen großen Schritt näher. Natürlich geht Klarheit immer einher mit Transparenz (und umgekehrt), sodass diese beiden Punkte einander bedingen.

2.4.1 Klarheit in der Kommunikation

Überall dort, wo Menschen miteinander kommunizieren, gibt es Missverständnisse. Der Grund hierfür ist, dass jeder seine eigenen Vorstellungen mit in die Kommunikationssituation bringt und vorhandene oder vorgestellte Lücken nach seinen eigenen Erwartungen und seiner eigenen Wahrnehmung füllt – und das meist vollständig individuell, sodass jeder etwas anderes versteht. Es gibt ganze Theorien und Studiengänge rund um das Thema Kommunikation, und hier ins Detail zu gehen, würde den Rahmen dieses Buchs sprengen. Dennoch zählt zu erfolgreichem Projektmanagement natürlich auch eine gelungene Kommunikation, die wir hier auf einen uns besonders wichtig erscheinenden Punkt herunterbrechen: Klarheit.

> Klarheit in der Kommunikation umfasst im Grunde zwei Dinge:
>
> 1. Wer eine Information weitergibt, sorgt dafür, dass sie von allen verstanden wird.
> 2. Wer eine Information erhält, sorgt dafür, dass er sie wirklich versteht.

Das hört sich zunächst einfach an, aber die Praxis zeigt, dass sehr viel Mühe, Bewusstheit und guter Wille in die Klarheit der Kommunikation fließen müssen, wenn man es wirklich ernst damit meint. Denn die oben beschriebene Definition setzt etwas voraus, was in den meisten Unternehmen leider überhaupt nicht funktioniert: Für Klarheit in der Kommunikation sind alle Seiten verantwortlich, sowohl die Sender- als auch die Empfänger-Seite.

Gerne wird die „Schuld" für eine missglückte Kommunikation nämlich immer bei den anderen gesucht – die haben es entweder nicht deutlich genug erklärt oder es einfach nicht kapiert.

Wer wirklich Klarheit umsetzen möchte, überprüft bereits während der Kommunikation, ob alle – man selbst eingeschlossen – ein übereinstimmendes Verständnis davon haben, was gesagt und vereinbart wurde. Als Sender einer Botschaft fragen Sie also am besten nach und lassen sich noch einmal wiederholen, was angekommen ist. Als Empfänger der Nachricht können Sie jederzeit nachfragen, ob Sie etwas richtig verstanden haben, und das Verstandene dann in eigenen Worten wiedergeben. So können sich alle Beteiligten weitestgehend sicher sein, sich so gut wie möglich verstanden zu haben. Klarheit in der Kommunikation bedeutet daneben auch, dass man manchmal unangenehme Wahrheiten deutlich und ungeschönt auf den Tisch bringt. Denn wenn eine schlechte Nachricht mit zu vielen Blumen überreicht wird, sieht der ein oder andere sie unter Umständen gar nicht mehr. Unsere Praxis-Erfahrung hat uns gezeigt, dass Menschen unterschiedlich gut oder schlecht darin sind, negatives Feedback aus einer ansonsten freundlich verpackten Botschaft herauszufiltern. Manche Menschen geraten beim leisesten Anflug von negativer Kritik in Panik und erwarten, dass sie kurz vor der Kündigung stehen. Andere sind gegen viel deutlichere Worte scheinbar immun. In beiden Fällen ist es wichtig, dass die gewünschte Intensität eines Feedbacks auch beim Gegenüber ankommt. Als Projektmanagerin oder Vorgesetzter sind Sie damit in der Verantwortung, Botschaften teilweise auch individuell unterschiedlich zu formulieren.

Wenn man Klarheit in der Kommunikation so wie oben beschrieben konsequent verfolgt, hat dies einen besonderen Nebeneffekt. Diskussionen werden eher an den richtigen Stellen und in sinnvollem Umfang geführt. Projekte, in denen viele verschiedene Expertinnen und Experten arbeiten, geraten nämlich auch deswegen immer wieder in Verzug, weil Punkte, die geklärt schienen, doch nicht so klar waren. Entsprechend kommen an den Stellen, an denen es darauf ankommt, ein gemeinsames Verständnis zu haben, immer wieder Diskussionen auf, die völlig unnötig sind. Wenn von vorneherein klar kommuniziert und dafür gesorgt wird, dass die entsprechenden Botschaften auch bei allen Projekt-Mitarbeitern ankommen, sind Diskussionen, die später geführt werden, gehaltvoll und notwendig – und darüber hinaus auch deutlich kürzer. Wenn jeder von Anfang an weiß, was die Ziele und was die gewählten Mittel sind, muss man nur noch darüber diskutieren, wenn sich etwas ändert – vor allem, wenn man weiß, dass Diskussionen keine Änderungen der Entscheidungen mehr herbeiführen werden, solange es keine neuen Informationen zu berücksichtigen gibt.

2.4.2 Klarheit in den Strukturen

Klarheit umfasst nicht nur Kommunikation. Auch Rollen und Erwartungen müssen allen Beteiligten klar sein, um später Missverständnisse, unnötige Diskussionen und Verzögerungen zu vermeiden. Daher sollten Sie sich als Projektmanager mit den folgenden Punkten vertraut machen und sie am besten bereits bei der Zusammensetzung des Projekt-Teams berücksichtigen.

Entscheidungswege müssen klar und eindeutig sein. Wer glaubt, ein Organigramm bildet zuverlässig die Entscheidungswege in einem Unternehmen ab, hat wahrscheinlich noch nie in einem Projekt gearbeitet. Auch, wenn es klare Hierarchien gibt, gibt es Fachkompetenzen, soziale Strukturen und Sachzwänge, die dem zuwiderlaufen, sodass Entscheidungen entweder von der Person getroffen werden, die es am besten kann, oder von der, die sich traut. Wünschenswert ist natürlich, dass die Personen Entscheidungen treffen, die besser dazu in der Lage sind, und genau dies sollten Sie durch den Projektmanager oder die Projektmanagerin herbeiführen lassen. Hierzu ist es wichtig, dass Sie vorab klären, welche Arten von Entscheidungen im Rahmen des Projekts anfallen können und wer diese dann treffen kann. So können Sie beispielsweise einzelnen Mitarbeitern die Verantwortung über kleinere (Projekt-)Budgets geben oder Design-Fragen immer von derselben Person klären lassen.

Natürlich können Sie nicht abschließend alle anstehenden Entscheidungen vorhersehen und planen. Daher müssen Sie vorab Ihren Mitarbeiterinnen und Mitarbeitern mitteilen, dass alle anderen Entscheidungen zunächst über den Projektmanager oder die Projektmanagerin laufen. Während des Projekts wird es sich dann einspielen, dass Sie einen Teil der nicht antizipierten Entscheidungen ebenfalls delegieren, sodass Entscheidungen schneller und effizienter getroffen werden können. Sorgen Sie aber bereits zu Beginn des Projekts dafür, dass diese Entscheidungswege eingehalten werden. Ansonsten stellen sich informelle Entscheidungsprozesse ein, die nur schwer wieder aus den Köpfen und den Gewohnheiten des Teams verschwinden. Über kurz oder lang verlieren Sie so den Überblick und die Kontrolle.

Jedem im Projekt-Team muss seine Rolle und seine Verantwortung für die Gesamtaufgabe klar sein.

Natürlich werden Projekt-Teams nicht immer in einer idealen Welt zusammengestellt, sodass manche auch einfach in ein Projekt „reinrutschen“, weil sie vorher eine ähnliche Aufgabe hatten oder weil sie Teil eines anderen Teams sind. Dies führt manchmal dazu, dass Mitarbeiter ihre Rolle im Projekt nicht kennen und das auch gar nicht vermissen. An dieser Stelle ist der Projektmanager wieder gefragt. Seine Aufgabe ist es, jedem einzelnen Team-Mitglied die Rolle innerhalb des Teams zu erklären. Dazu zählt auch, dass der- oder diejenige weiß, welche Verantwortung für das Projekt er oder sie trägt. Denn letzten Endes ist das gesamte Team für das Projektergebnis verantwortlich.

Gerade hier mangelt es aber oft an Klarheit. Weder ist es gut, wenn sich Projektmanager im Erfolg des Teams sonnen, noch wenn Team-Mitglieder die Verantwortung für ein mögliches Scheitern komplett „nach oben“ abgeben. Ein Team kann nur dann funktionieren, wenn jeder die Verantwortung mitträgt – zumindest für den eigenen Bereich im Projekt. Ein Projektmanager darf jedoch nie davon ausgehen, dass dies allen von Anfang an klar ist. Hierzu sind unserer Erfahrung nach gleich zu Beginn des Projekts mehrere Gespräche erforderlich. Außerdem muss während der Projektlaufzeit immer wieder nachgefasst werden, damit alle nach wie vor an einem gemeinsamen Strang ziehen.

2.4.3 Erwartungen müssen von Anfang an geklärt werden

Vieles an Unzufriedenheit innerhalb des Projekts geht auf Enttäuschungen zurück. Und Unzufriedenheit führt zu geringerer Produktivität, zu einer schlechten Stimmung und oft auch zum Scheitern des Projekts.

Ein großer Teil der Enttäuschungen, die wir im Berufsleben erleben, lässt sich jedoch relativ einfach vermeiden. Denn Enttäuschungen entstehen immer dann, wenn Erwartungen nicht erfüllt werden. Dies kann natürlich böswillig oder aus Desinteresse geschehen, in den meisten Fällen liegt es aber daran, dass die Erwartungen vorher gar nicht miteinander geklärt wurden.

Wir haben daher gute Erfahrungen damit gemacht, zu Beginn einer Zusammenarbeit – egal, ob im Team, im Projekt oder im Unternehmen – ein Gespräch zur Klärung der gegenseitigen Erwartungen zu führen, am besten mit Protokoll, das anschließend noch einmal geteilt wird. Ein solches Gespräch muss natürlich von allen Beteiligten sorgfältig vorbereitet werden, denn es ist der Auftakt für eine erfolgreiche Zusammenarbeit.

In einer offenen Atmosphäre kann jeder dann seine Erwartungen an die gemeinsame Arbeit nennen und der andere sollte am besten direkt dazu Stellung nehmen. So kann jemand auch sagen, wenn er nicht in der Lage oder bereit ist, eine Erwartung zu erfüllen. Man kann dann gemeinsam aushandeln, welche Erwartungen der Zusammenarbeit zugrunde liegen sollen, und sich direkt darauf committen. Sind die Erwartungen auf diese Weise geklärt, können Enttäuschungen nicht mehr so leicht auftreten – solange beide sich stets der Erwartungen des anderen bewusst sind und sich bemühen, diese zu erfüllen.

2.4.4 Schwierigkeiten mit Klarheit

Es könnte so einfach sein, wenn man alle Informationen klar zur Sprache bringt. Doch natürlich gibt es auch Schwierigkeiten mit Klarheit. Diejenigen, die uns immer wieder begegnet sind, haben wir für Sie in den folgenden Punkten zusammengetragen.

2.4.4.1 Klarheit ist nicht immer erwünscht

Intuitiv sagt wahrscheinlich jeder, den Sie fragen, dass ihm Klarheit lieber ist als Unklarheit. Aber die Realität sieht anders aus. Denn Klarheit bringt auch Nachteile mit sich. Wenn jedem Team-Mitglied alle Anforderungen und Ziele klar sind, gibt es eine Rückzugsmöglichkeit weniger, wenn etwas schiefgeht – in dem Fall muss man auch deutlicher Verantwortung übernehmen, als wenn etwas unklar war.

Unklarheit hat auch den Vorteil von Interpretationsspielräumen. Viele Mitarbeiter fühlen sich darum „betrogen", selbst Entscheidungen in ihrem Bereich zu treffen, wenn alles vorgegeben und klar ist. Je unklarer etwas ist, desto eher werden (manche) Mitarbeiter die Vorgaben auch nach ihren eigenen Erfahrungen interpretieren. Auch für Projektmanager birgt Unklarheit Vorteile. Wenn Fragen die eigene fachliche Kompetenz übersteigen, man dies aber nicht zugeben möchte, kann eine unklare Antwort vermeintlich dabei helfen, das Gesicht zu wahren. Tatsächlich aber ist das Gegenteil der Fall: Mitarbeiter durchschauen natürlich, wenn die Projektleitung sich mit unklaren Anweisungen aus der Verantwortung zieht.

Wie bei allen anderen Punkten ist es jedoch wichtig, sich bewusst zu machen, dass das Ziel des Projekts nicht ist, die Wünsche des Einzelnen zu erfüllen und ihm bei der Erreichung seiner Ziele zu helfen. Im besten Fall schafft das Projekt das auch, als erstes Ziel steht jedoch die Erreichung des Projektergebnisses für alle Beteiligten im Vordergrund.

2.4.4.2 Manche Dinge bleiben unklar

100 %ige Klarheit kann niemand erreichen. Auch, wenn Sie sich noch so sehr darum bemühen, klar zu kommunizieren und klare Strukturen zu schaffen, es wird immer noch Missverständnisse geben und Situationen, in denen einzelne Punkte unklar bleiben. Dies liegt an der Komplexität und Unvorhersehbarkeit des Projektgeschehens.

Dennoch darf Sie diese Tatsache nicht davon abhalten, so viel Klarheit wie möglich zu schaffen. Denn je klarer die meisten Dinge sind, desto weniger wichtig werden die unklaren Dinge bzw. desto mehr Zeit haben Sie übrig, um sich im Bedarfsfall um diese zu kümmern.

2.4.4.3 Klarheit und „Unternehmensgeheimnisse"

Nicht in allen Bereichen ist Klarheit angebracht, genauso wenig wie in allen Bereichen Transparenz möglich und sinnvoll ist. Auch wenn das Grundprinzip Klarheit in einem Unternehmen gelebt wird, gibt es Dinge, die immer unklar bleiben sollen, weil dadurch Informationen und Personen geschützt werden.

Ebenso wie beim Thema Transparenz sollten Sie bei der Entscheidung darüber, ob Sie eine Information unklar lassen oder nicht, vor allem ehrlich sich selbst gegenüber bleiben. Schadet es jemandem, wenn jeder im Unternehmen weiß, dass der IT-Leiter sich besser mit Software auskennt als der Projektmanager und dass er deswegen die Entscheidungen hierüber treffen sollte? Wahrscheinlich kratzt es das Ego des Projektleiters an (bei gestandenen Projektmanagern dürfte dies aber eher nicht der Fall sein). In Summe profitieren das Projekt und das Unternehmen aber an dieser Stelle von mehr Klarheit und Offenheit.

Es kann jedoch auch vorkommen, dass zu große Klarheit Einzelnen so stark schadet, dass die Privatsphäre hier Vorrang haben muss. Kann Ihr Projektmanager die Entscheidungen beispielsweise nur deswegen nicht treffen, weil er aufgrund besonderer privater Belastungen, von denen er in der Firma nichts erzählen möchte, zeitlich nicht dazu in der Lage ist, muss man diese Situation nicht vor allen klarstellen. Klarheit soll ja dazu dienen, Fragen zum Projekt zu beantworten, nicht dazu, Einzelne bloßzustellen.

Mit gesundem Menschenverstand und Augenmaß lässt sich leicht abwägen zwischen persönlichen Interessen und dem Nutzen für das Unternehmen. Wenn man die Betroffenen von Anfang an einbezieht, wird ohnehin sehr oft die Entscheidung für mehr Klarheit im Projekt fallen – zum Nutzen aller Beteiligten.

2.5 Prinzip 5: Erwachsene wie Erwachsene behandeln

Management Summary

In manchen Projekten hat es sich eingeschlichen, dass individuelle Bedürfnisse und Befindlichkeiten Vorrang vor unternehmerischen Notwendigkeiten haben. Oft gibt es bei Einzelnen einen starken Fokus auf die eigenen persönlichen Ziele bei mangelnder Produktivität und hohem Stellenwert von Persönlichem und Emotionalem. Die Folge: In manchen Projekten geht es zu wie im Kindergarten.

Die Lösung: Behandeln Sie Erwachsene einfach wie Erwachsene. Das funktioniert, indem Sie ein paar Grundregeln für jeden im Projekt aufstellen. Rechte müssen zum Beispiel immer auch mit der Verantwortung einhergehen, durch ihre Wahrung nicht dem Unternehmen oder dem Projekt zu schaden. Commitment muss immer individuell und absolut bindend sein. Wer sein Commitment nicht einhält, muss wie ein Vertragspartner dafür einstehen, dass das Projekt dadurch nicht gefährdet wird. Außerdem wird von allen Projekt-Mitgliedern Ernsthaftigkeit in der Arbeit eingefordert.

Auch wenn persönliche Wünsche häufig leicht zu erfüllen sind, sollten Sie darauf achten, durch zu viel Rücksichtnahme keine Kettenreaktion auszulösen und alle Mitarbeiter mit noch mehr Wünschen zu Ihnen kommen zu lassen.

Ein weiterer wichtiger Aspekt des Prinzips „Erwachsene wie Erwachsene behandeln" ist die Verbreitung (und das Einfordern) von Zuversicht. Manche Mitarbeiter und Mitarbeiterinnen sehen aus ihrer Erfahrung heraus von vorneherein schon alles schwarz im Projekt. Sie können durch ihre Negativität andere anstecken und das Projekt so tatsächlich gefährden. Motzer muss man von Anfang an auf die Seite des Projekts bringen oder aber ihnen eine andere Aufgabe zuweisen.

Seien wir ehrlich: In manchen Projekten geht es zu wie im Kindergarten. Individuelle Bedürfnisse und Befindlichkeiten machen anderen das Leben schwer und sorgen dafür, dass im Projekt nichts mehr vorangeht. Dies geschieht vor allem, weil Unternehmen es geschehen lassen.

Ein Zuviel an Entgegenkommen oder Verständnis führt dazu, dass Mitarbeiter Persönlichem und Emotionalem zu viel Bedeutung beimessen und sich nicht mehr wirklich auf das Projekt konzentrieren. Ein wichtiger Rat, den Projektverantwortliche beherzigen sollten, um dem entgegenzuwirken, lautet: Behandeln Sie Erwachsene wie Erwachsene.

Wir haben diesen Rat in sechs einzelne Empfehlungen heruntergebrochen. Wenn diese berücksichtigt werden, ist die Arbeit eher von Erfolg geprägt und macht auch mehr Spaß.

2.5.1 Rechte gehen immer mit Verantwortung einher

Ein gut geführtes Unternehmen gibt jedem Mitarbeiter und jeder Mitarbeiterin die Möglichkeit, bei der Arbeit sie selbst zu sein. Die Zeiten, in denen man an der Tür seine Persönlichkeit abgeben musste, sind vorbei. Stattdessen zielen Unternehmenswerte wie Offenheit und Vertrauen darauf, den Menschen als Ganzes und nicht nur als Arbeitskraft zu begreifen.

Hieraus ergibt sich, dass Mitarbeiterinnen und Mitarbeiter auf der Arbeit selbstverständlich Rechte haben, die ihrer individuellen Entfaltung im Gesamten dienlich sind. Wenn es keinen sachlichen Grund dagegen gibt, sind frei einteilbare Arbeitszeiten eine Möglichkeit, jedem individuell entgegenzukommen. Auch die Auswahl zwischen verschiedenen Themen und Arbeitsweisen kommt dem Einzelnen bei der Arbeit entgegen.

Mit mehr Rechten geht aber auch immer mehr Verantwortung einher. Und diese dürfen und müssen Sie als Vorgesetzter einfordern. Wenn jemand beispielsweise frei über seine Arbeitszeit verfügen kann, ist er selbst dafür verantwortlich, dass dies auch gerecht und korrekt läuft.

Wer Freiheiten und Rechte zum persönlichen Vorteil ausnutzt, verhält sich wie ein Kind, das die ganze Schokolade aufisst, wenn niemand hinschaut. Dies müssen Sie den Mitarbeitern auch entsprechend klarmachen, und das am besten direkt beim ersten Vorkommen.

Denn auch zu viel Rücksicht kann schädlich sein – vor allem für die Mitarbeiter, die sich solche Vorteile nicht sichern und doppelt gestraft sind, wenn sie für die anderen einspringen müssen. Beiden können Sie es auf keinen Fall Recht machen. Wenn Sie sich also entscheiden müssen, entscheiden Sie sich dafür, die „erwachsenen“ Mitarbeiter an Bord zu behalten und lieber diejenigen, die sich wie Kinder benehmen, vor den Kopf zu stoßen. Denn im Projekt können Sie sich ohnehin nur auf Erwachsene verlassen.

2.5.2 Individuelles Commitment

Bei vielen Projektmanagement-Methoden wie zum Beispiel bei Scrum ist es je nach Ausgestaltung Mode, keine individuellen Commitments einzufordern, sondern das Team als Ganzes eine Einschätzung abgeben zu lassen, wann eine Aufgabe fertig ist. Der Gedanke dahinter ist klar: Niemand kann eine Teamaufgabe allein erledigen, also kann auch niemand ein eigenes Commitment abgeben. Die Abhängigkeiten innerhalb eines Teams, das gemeinsam eine Aufgabe bewältigen soll, sind zu hoch, als dass ein Einzelner ein persönliches Commitment abgeben könnte. Da alle gebraucht werden, um die Aufgabe zu erledigen, sollen auch alle gemeinsam sagen, wann sie fertig sein werden.

Was sich in der Theorie gut anhört, führt in der Praxis allerdings zu zwei Problemen.

2.5.2.1 Aufgaben werden grundsätzlich zu hoch geschätzt

Jedes Team besteht aus Mitarbeitern mit unterschiedlichen Fähigkeiten – ansonsten bräuchte man kaum ein Team. Das bedeutet, dass jedes Team-Mitglied einen Teil der Aufgabe sehr gut einschätzen kann, andere Teile einigermaßen und einen Teil auch überhaupt nicht. Jedes einzelne Team-Mitglied sieht sich also Unwägbarkeiten gegenüber, wenn es – im Team – seine Meinung zur Einschätzung der Aufgabe abgeben soll. Unbewusst passiert es dann, dass für die Dinge, die man selbst nicht einschätzen kann, ein Zeitpuffer eingeplant wird. Schließlich möchte niemand dafür verantwortlich sein, dass das Team später nicht genügend Zeit für die Aufgabe hat. Da jeder solche Zeitpuffer einplant (weil jeder im Team einzelne Punkte nicht beschätzen kann), werden Aufgaben von Teams tendenziell höher beschätzt.

2.5.2.2 Commitments werden nicht eingehalten

Ein weiterer Effekt von Team-Commitments ist es, dass die persönliche Bindung des Einzelnen dazu geringer ist. Man hat als Gruppe eine Zusage gegeben und nicht als Individuum. Wenn die Zusage gebrochen wird, bricht die Gruppe sie. Das ist für den Einzelnen weniger „schlimm“, als wenn er sein eigenes Wort bricht. Genauso ist das Erfolgserlebnis geringer, wenn man eine gemeinsame Zusage hält, weil man sich Ruhm und Ehre ja ebenfalls teilen muss. Die Folge ist, dass Gruppen-Commitments als weniger verbindlich für jeden Einzelnen wahrgenommen und somit häufiger gebrochen werden.

Die Lösung: Individuelle Commitments. Natürlich arbeitet das Team an der Gesamtaufgabe, und um das Ziel zu erreichen, braucht man auch jeden Einzelnen aus dem Team. Aber die Gesamtaufgabe lässt sich in einzelne Tasks herunterbrechen, an denen in den allermeisten Fällen eine Person allein arbeitet. Und für diese Arbeit kann jeder Einzelne auch ein Commitment abgeben. Dies sollte natürlich in einer gemeinsamen Runde geschehen. Denn die verschiedenen Commitments sind voneinander abhängig, und das eine Team-Mitglied kann seins nur halten, wenn auch alle anderen in der angegebenen Zeit arbeiten. Der Anreiz für den Einzelnen wird also höher, seine Schätzungen zu treffen, weil seine Team-Mitglieder sich nicht mit ihren Commitments dahinter verstecken können, sondern im Gegenteil Gefahr laufen, auch ihre Zusage nicht einzuhalten.

Dies ist ein Verhalten, wie Vertragsparteien es untereinander pflegen: Jeder gibt eine Zusage und beide halten sich daran. Mit dem gleichen Verständnis sollten erwachsene Menschen im Projekt-Team ihre Zusagen bezüglich ihrer Arbeit behandeln.

2.5.3 Accountability

Eng mit dem vorigen Punkt verwandt bzw. eine direkte Folge aus diesem ist die sogenannte Accountability. Damit bezeichnet man die Tatsache, dass man eine einzelne Person „haftbar“ macht für Verzögerungen, die auf ihre nicht eingehaltenen Commitments zurückgehen.

Natürlich ist diese Haftbarkeit nicht im rechtlichen Sinne gemeint. Es steht außer Frage, dass kein Mitarbeiter Angst haben sollte, bei Fehlern juristische Probleme mit dem Arbeitgeber zu bekommen. Vielmehr geht es um die Übernahme persönlicher Verantwortung. Die Folgen daraus sollte – wie unter Erwachsenen üblich – der Betroffene selbst erkennen können.

> **Beispiel: Commitments einhalten**
>
> Der Designer eines Software-Teams hat zugesagt, seine Entwürfe bis Dienstagabend zu liefern, woraufhin der Entwickler des Teams versprochen hat, diese bis Mittwoch als Prototypen umzusetzen. Um 16 Uhr am Dienstag fragt der Entwickler beim Designer an, ob es schon etwas zum Anschauen gibt. Der Designer hat seine Aufgabe jedoch über ein anderes Projekt komplett vergessen und nicht einmal angefangen. Macht man den Designer nun nicht persönlich „haftbar" für sein Vergessen, wird das Projekt sehr wahrscheinlich in Verzug geraten. Der Entwickler kann sich auf den Designer berufen, jeder andere auf den Entwickler, und dem Designer kann es egal sein, wenn er als Einzelner nicht dafür haftbar gemacht wird.

Accountability im Projektmanagement heißt aber, dass es gemeinsames Verständnis aller Beteiligten ist, dass derjenige, der eine Situation zu verantworten hat, auch für eine Lösung sorgen muss. Entweder könnte der Designer am Dienstag länger bleiben oder am Mittwoch früher kommen. Oder er könnte dem Entwickler – wenn dies möglich ist – seine Unterstützung anbieten, damit dessen Deadline nicht gerissen wird.

Egal, wie eine Lösung aussieht, wichtig ist, dass jeder Einzelne im Projekt-Team die Auffassung vertritt, dass es nicht akzeptabel und auch nicht das Problem aller anderen ist, wenn ein Einzelner seine Zusagen nicht hält. Wer als Erwachsener Verantwortung übernehmen und das Projekt mitgestalten möchte, muss zu seinem Wort stehen und im Zweifel Alternativen anbieten, um seine Kolleginnen und Kollegen nicht hängen zu lassen.

2.5.4 Ernsthaftigkeit

In Projekt-Teams, die gut zusammenarbeiten, herrscht oft eine positive Stimmung. Man unternimmt auch privat etwas zusammen, man lacht und man erzählt sich Dinge. Dies ist sinnvoll, weil es Vertrauen fördert und ein Team zusammenwachsen lässt.

Dennoch ist es wichtig, die „gute Stimmung“ im Team nicht in mangelnde Ernsthaftigkeit kippen zu lassen. Gerade bei junioren Mitarbeiterinnen und Mitarbeitern, die sich sehr wohl in ihrem Team fühlen, kann dies der Fall sein. Ernsthaftigkeit widerspricht dabei nicht einer positiven Kultur, sondern sie ist vielmehr ihre Voraussetzung. Denn nur, wo sich alle Seiten der Bedeutung ihrer Aufgabe bewusst sind und wissen, dass etwas davon abhängt, wenn das Projekt schiefgeht, kann ein Projekt wirklich Erfolg haben – und eine offene und gelassene Kultur entstehen.

Teams, die nicht ernsthaft genug an ihrer Aufgabe arbeiten und die nicht wissen, dass das Unternehmen zumindest ein Stück weit vom Erfolg des Projekts abhängt, neigen oft zu einer Laissez-faire-Einstellung, bei der vielen egal ist, ob am Ende das Projekt erfolgreich ist oder nicht.

Um Ernsthaftigkeit im Projekt zu erreichen, müssen Sie gar nicht als polternder Chef auftreten. Oft reicht es, für Zusammenhänge zu sensibilisieren, den Mitarbeitern und Mitarbeiterinnen Zahlen des Unternehmens und des Markts zur Verfügung zu stellen und ihnen Einblicke in die Folgen ihrer Arbeit zu gewähren. Dies sorgt nicht nur für das Bewusstsein für die Wichtigkeit der eigenen Aufgabe. Es bereichert auch die Arbeit eines jeden einzelnen, weil klarer wird, wozu man mit der eigenen Tätigkeit etwas beiträgt. Insofern ist Ernsthaftigkeit natürlich auch eine Folge der bereits erwähnten Punkte Klarheit und Transparenz.

2.5.5 Angemessene Rücksichtnahme

In einem Unternehmen und auch in einem Projekt-Team arbeiten Individuen, die ihre persönliche Geschichte, ihre Emotionen, ihre Gedanken und ihre Weltsicht mit in den Arbeitsalltag bringen. Je nachdem, wo der Einzelne gerade in seinem eigenen Leben steht, lösen Veränderungen im Beruf große Ängste oder Sorgen aus. Es ist daher gar nicht unüblich, dass Mitarbeiterinnen und Mitarbeiter sich gerne an die Vorgesetzten oder Projektmanager wenden, wenn sie mit bestimmten Dingen im Projekt persönlich nicht zufrieden sind.

Manchmal sind dies Kleinigkeiten wie der eigene Sitzplatz oder eine eingesetzte Software, und die Lösung dieses Problems ist für den Vorgesetzten keine große Sache. Dennoch sollten Sie immer überlegen, ob Sie sich wirklich so viel mit persönlichen Befindlichkeiten auseinandersetzen wollen. Sofern Sie sich im Vorfeld – und davon gehen wir aus – ausreichend Gedanken über einzelne Punkte gemacht haben und die für das Team beste Entscheidung bezüglich des strittigen Punkts getroffen haben, ist es nicht wirklich sinnvoll, Entscheidungen wieder umzuwerfen, weil ein Einzelner es sich vielleicht anders wünscht. Selbst, wenn das Ganze keinen Aufwand bedeutet, setzen Sie mit dieser Aktion ein Zeichen. Sie sagen, dass Sie die persönliche Meinung zumindest des einen Mitarbeiters über die von Ihnen selbst getroffene Entscheidung setzen. Und Sie sagen damit aus, dass es sich in jedem Fall lohnt, zu Ihnen zu kommen, wenn einen irgendein Schuh drückt.

Außerdem können Sie mit einem solchen Verhalten eine Kettenreaktion auslösen. Denn wenn Sie für den ersten Mitarbeiter eine Änderung vorgenommen haben, stört sich vielleicht die nächste Mitarbeiterin am Ergebnis und will nun ihrerseits etwas ändern – und so weiter.

Natürlich ist es wichtig, Ihren Mitarbeitern ein positives Umfeld zu bieten, in dem diese sich entfalten und gut und effizient arbeiten können. Auch Verbesserungsvorschläge aus dem Team sind immer sinnvoll, da dort die Probleme entstehen und Lösungen leichter gesehen werden können. Sie sollten jedoch nicht aus falscher Nettigkeit oder gar aus Angst, den einen oder die andere „unterwegs“ zu verlieren, falsche Rücksicht auf persönliche Bedürfnisse nehmen. Denken Sie daran, dass das Team-Ziel im Vordergrund steht – für Sie ebenso wie für Ihre Mitarbeiter.

Manche Team-Mitglieder können nicht damit umgehen, wenn Ihnen nicht jeder Wunsch erfüllt wird, vor allem dann nicht, wenn sie glauben, dass es Ihnen leichtfallen müsste, den Forderungen nachzugeben. Wenn solche Mitarbeiter sich dann dafür entscheiden, dass Ihr Unternehmen nicht das Richtige für sie ist, sollten Sie sie ziehen lassen. Mitarbeiter, die sich nach einiger Zeit in Diven verwandeln, sind ohnehin nicht die Richtigen für die Projektarbeit.

2.5.6 Zuversicht einfordern und verbreiten

Bei all den Punkten, die wir bis hierhin aufgeführt haben, an denen ein Projekt scheitern kann (und an denen viele Projekte auch scheitern), könnte man meinen, dass es eine logische Haltung ist, mit Pessimismus an ein Projekt heranzugehen. Tatsächlich gibt es auch viele erfahrene Projektmitarbeiter, die genau das tun. Ein neues Projekt entsteht, und von der ersten Minute an werden nur Gründe gesehen, weswegen das alles nicht funktionieren kann und sowieso zum Scheitern verurteilt ist.

Die Psychologie kennt die sogenannte *Self Fulfilling Prophecy*, die im Grunde das Folgende besagt: Wenn ich mir nur oft genug sage, dass ich den Elfmeter verpatze, schieße ich ganz bestimmt neben das Tor. Oder anders: Wenn das Projekt-Team von Anfang an glaubt, dass das Projekt schiefgeht, kann man es auch gleich sein lassen.

Da Sie es sehr wahrscheinlich nicht gleich sein lassen wollen, sondern an Ihr Projekt glauben, müssen Sie genau das auch in die Köpfe Ihres Teams bringen: Die Zuversicht, die Sie selbst im Hinblick auf das Projekt verspüren, müssen Sie so an die Mitarbeiter weitergeben, dass diese dasselbe empfinden. Dies können Sie sehr einfach, indem Sie positiv über das Ergebnis sprechen, beispielsweise „Wenn wir dann im Juni fertig sind, …“ oder Belohnungen in Aussicht stellen „… gibt es eine riesige Party“.

Gleichzeitig sollten Sie Motzer und Leute, die grundlos schlechte Stimmung verbreiten, gezielt darauf ansprechen und sie auf mehr Zuversicht verpflichten. Dazu lassen Sie sich am besten zunächst die Bedenken der Person erläutern und stellen diesen dann ein positiveres und aus Ihrer Sicht realistischeres Bild der Situation entgegen. Manchmal ist Schwarzmalerei einfach ein Zeichen von Unsicherheit, die mit guten Argumenten ausgeräumt werden kann.

Für manche Mitarbeiter gehört Motzen und Meckern aber einfach dazu, und sie werden immer einen Weg finden, negative Stimmung zu verbreiten, egal wie zuversichtlich alle anderen sind.

Das Schlimme ist, dass solche Mitarbeiter sehr geübt sind in dem, was sie tun, und so lassen sich oft ganze Teams von der negativen Weltsicht eines Einzelnen anstecken.

Wenn Sie einen Mitarbeiter nicht vom Erfolg des Projekts, für das er arbeitet, überzeugen können, gibt es nur noch eine Lösung: Der Mitarbeiter muss das Team und notfalls auch das Unternehmen verlassen.

Denn wer nicht an die Sache glaubt, für die er täglich acht Stunden arbeitet, schadet nicht nur sich selbst, sondern kann auch ganze Projekt-Teams mit sich reißen.

Literatur

Csikszentmihalyi M (2019) Flow. Das Geheimnis des Glücks, 6. Aufl. Klett-Cotta, Stuttgart

3 Die fünf Prinzipien in der Anwendung

Zusammenfassung Die Prinzipien aus dem letzten Kapitel können Sie Schritt für Schritt im Projekt einführen. Wenn Sie nur einzelne Prinzipien als Modul übernehmen, erzielen Sie bereits erste positive Effekte. Den größten Effekt auf Ihre Projektergebnisse erreichen Sie jedoch, wenn Sie von Anfang an die Prinzipien einführen. Dies umfasst alle Phasen des Projekts: Ideenfindung, Planung und natürlich am Ende die Durchführung und die Kontrolle der Ergebnisse.

In diesem Kapitel geben wir Ihnen praktische Hilfestellung in Form von Tabellen, Arbeitsblättern und Listen, die Ihnen dabei helfen, die Prinzipien im Projekt zu implementieren. Doch auch ohne diese Hilfsmittel können Sie einfach bei jeder Phase des Projekts alle Tätigkeiten, Meetings, Tools daraufhin abklopfen, ob sie einfach, transparent, umsetzungsstark, klar und verantwortungsorientiert sind. Streichen Sie alles Unnötige und steigen Sie so früh wie möglich in die Umsetzung ein.

J. Cholin, Y. Kraus, *Next Level Projektmanagement – die Katana-Methode*,
https://doi.org/10.1007/978-3-662-62274-2_3

Bei vielen Punkten werden Sie beim Lesen sicherlich gedacht haben, dass sich das in der Theorie super anhört, aber die Realität im Unternehmensalltag eine gänzlich andere ist. Und natürlich haben Sie insofern Recht, dass es einer großen und langfristigen Anstrengung bedarf, um zumindest ein gutes Stück in die beschriebene Richtung zu gehen. Aber zum einen wird die immer produktiver werdende Arbeitsatmosphäre im Unternehmen erheblich zu einem immer besseren Gefühl beim Arbeiten führen, und dies nicht nur bei Ihnen, sondern auch bei vielen Kollegen. Und ganz banal zwingen der immer größere Wettbewerbsdruck und die zunehmende Geschwindigkeit des Marktes einen auch einfach dazu, beständig an der eigenen Produktivität zu arbeiten. Wenn diese höhere Produktivität aber nicht vor allem aus Einsparungen und Entlassungen resultiert, sondern durch effektiveres und effizienteres Arbeiten der Teams in den Projekten erzielt wird, kann dies sozusagen nebenbei auch mit einem deutlich besseren Betriebsklima im Unternehmen einhergehen, mit geringer werdender Fluktuation und höherer Arbeitgeber-Attraktivität.

Sämtliche Methoden und Ansätze, die wir Ihnen bis hierhin vorgestellt haben, ergeben sich aus praktischen Anwendungen in verschiedenen Unternehmen in vielen verschiedenen Projekten während unseres Berufslebens. Insofern steht also schon fest, dass sie praxistauglich sind.

Neu an unserer Methode ist, dass die einzelnen Elemente so komprimiert und praxisorientiert in einem einzelnen Fachbuch zusammengetragen wurden. Daher möchten wir Ihnen mit diesem Kapitel auch helfen und die Anwendung der Prinzipien durch praktische Beispiele verdeutlichen, damit Sie sie in Ihrem eigenen Unternehmen umsetzen können.

Der Nachteil eines Praxisbeispiels ist natürlich, dass es unzählige Industrien und Branchen gibt und jede Firma ihr ganz eigenes Universum darstellt. Unserer Erfahrung nach aber sind viele Anforderungen und viele Problemstellungen doch ähnlich und vor allem auf vergleichbare Ursachen zurückzuführen. Daher passt vielleicht das Beispiel inhaltlich oder bzgl. der Team- und Projektstrukturen nicht unbedingt perfekt zu Ihrem Arbeitsalltag, aber es gibt mit Sicherheit eine Menge Überschneidungen und ähnliche strukturelle Gemeinsamkeiten.

Beispiel: Digitalisierung Kundenservice

Nehmen wir also an, Sie arbeiten in einem größeren Unternehmen und Sie möchten einen ganzen Teil Ihrer Services und Kundendienstleistungen digitalisieren, das heißt es soll als Website und als App ein Portal geschaffen werden, welches Ihren Kunden eine riesige, interaktive Wissensdatenbank zur Verfügung stellt, die möglichst viele Kundenanfragen intelligent beantwortet. Zudem sind die Kundenberatung und das Callcenter direkt eingebunden und können per Chat, Messenger, E-Mail und Telefon kontaktiert werden und unterstützen.

3.1 Was können Sie noch vor Projekt-Beginn für ein erfolgreich verlaufendes Projekt tun?

Wenn Sie unsere Methode erfolgsversprechend anwenden wollen, müssen Sie bereits vor dem eigentlichen Projektstart damit beginnen, die verschiedenen Prinzipien zu implementieren. Das bedeutet nicht, dass Sie bereits laufende Projekte durch die Katana-Methode nicht deutlich verbessern können. Die größten Erfolge verzeichnen Sie jedoch, wenn Sie bereits vor dem Start des Projekts die wichtigsten Punkte der Methode umsetzen.

Um dies so einfach wie möglich für Sie zu machen, können Sie sich einfach an der folgenden Anleitung orientieren, die jedes der fünf Prinzipien aufgreift.

3.1.1 Implementierung der Prinzipien „Unnötiges weglassen" und „Einfach mal machen"

Sofern Sie nicht auf ein bereits festes Team zurückgreifen müssen, sind Sie in der eigentlich glücklichen Lage, dass Sie noch Einfluss auf die Team-Zusammensetzung nehmen können, stehen damit aber auch vor einer der größten Herausforderungen während des Projekts. Denn Sie müssen wie beschrieben die „richtigen" Typen zusammenbringen, und zwar mit den richtigen Hard Skills und den richtigen Soft Skills.

Beispiel: Team-Größe Kundenservice

Wir gehen in unserem Beispiel von einem gewünschten Team mit acht Personen aus. Dies ist schon eine sehr schlagkräftige Größenordnung, sofern alle fokussiert zusammenarbeiten. Viel größer sollten einzelne Teams nicht sein, da der Teamfindungsprozess ansonsten zu lange dauert und durch erhöhten Koordinationsaufwand innerhalb des Teams das Kosten-Nutzen-Verhältnis zum Negativen kippt.

Das beste Vorgehen für den Aufbau eines Projekt-Teams sehen Sie in der Tab. 3.3 , die Sie auch als Vorlage herunterladen können.

Die erste Rolle, die im Projekt besetzt wird, ist der Projektmanager. Entweder Sie sind es selbst oder jemand möglichst Erfahrenes in der Rolle und im Fachlichen. Wenn diese Rolle besetzt ist, können bereits viele Dinge sehr schnell entschieden werden, weil die Verantwortung für den organisatorischen Verlauf des Projekts von Anfang an auf den Projektmanager übergeht.

Um die Methode zu verstehen, sollte der Projektmanager in jedem Fall dieses Buch lesen. Bei besonderem Zeitdruck reichen auch die Management Summarys, die man in maximal einer halben Stunde gelesen haben kann.

Ein Projekt benötigt ein Projekt-Team. Nachdem Sie den Projektmanager bestimmt und offiziell benannt haben, setzen Sie gemeinsam mit ihm das Projekt-Team zusammen. Sollten Sie selbst der Projektmanager sein, ziehen Sie einen Sparringspartner hinzu, um zwei unterschiedliche Meinungen zur Team-Zusammensetzung zu haben. Mehr Meinungen benötigen Sie im Normalfall nicht.

Projektmanager und Sparringspartner bereiten nun gemeinsam die Auswahl der Projektteam-Mitglieder vor. Dafür benötigen Sie nicht mehr als ca. 2 Stunden.

Als erstes wird eine einfache Übersicht über die fachlichen Anforderungen benötigt. Als Vorlage hierzu kann Tab. 3.1 dienen, die nach Bedarf natürlich erweitert werden kann. Alle nachfolgenden Vorlagen können auf der Produktseite unter: https://www.springer.com/de/book/9783662622735 kostenlos heruntergeladen werden. Sie können wahlweise eine leere Master-Datei zum Befüllen oder die hier aufgeführ-

Tab. 3.1 Fachliche Anforderungen an das Projekt-Team (Online-Vorlage 2)

Fachliche Anforderungen	Personenstärke
Projektmanagement	1
Konzeption/UX	0,5
Design	1,5
BI/Analytics	1
HTML	2
Java/PHP	3

ten Beispieldateien herunterladen. Alle Dateien sind sowohl im PDF- als auch im Excel-Format vorhanden, sodass Sie sie gut ausdrucken oder an Ihre Bedürfnisse anpassen können.

Projektmanager und Sparringspartner tragen jeder für sich alle ihrer Meinung nach für das Projekt notwendigen Fachkompetenzen ein. Dies sollte nicht länger als 10 Minuten dauern, anschließend nehmen sie sich noch mal maximal 20 Minuten Zeit, um aus beiden Entwürfen eine gemeinsame Liste der benötigten fachlichen Qualifikationen für das Projekt zu erstellen.

Als zweites wird dann eine Kandidatenliste aller möglichen Mitarbeiter erstellt. Für jeden Kandidaten, der in Frage kommt, füllen Projektmanager und Sparringspartner ein Kandidaten-Sheet aus (Tab. 3.2). Nehmen Sie sich dafür maximal eine halbe Stunde Zeit.

Im nächsten Schritt findet ein höchstens einstündiges Meeting zwischen Projektmanager und Sparringspartner statt. Überlegen Sie nun mögliche Team-Zusammensetzungen mit acht Personen und wie diese bzgl. der einzelnen Einschätzungen der Kandidaten zueinander passen könnten. Entscheiden Sie sich dann final für eine Team-Zusammensetzung. In diesen Überlegungen kann man sich auch endlos verlieren, ohne letztlich zu einem besseren Ergebnis zu kommen. Denn die Team-Zusammensetzung sollte zwar so gut wie möglich gestaltet werden, vieles hängt aber ohnehin vom weiteren Verlauf des Projekts ab. Eine perfekte Entscheidung kann es also sowieso nicht geben; wichtig ist nur, dass es eine Entscheidung gibt.

Übrigens kann man auch versuchen, diese Liste ganz offen gemeinsam mit allen möglichen Team-Mitgliedern zu erarbeiten. Dies ist allerdings vor allem bzgl. der Moderation eine echte Herausforderung. Wenn diese

Tab. 3.2 **Kandidaten-Sheets für die Projekt-Besetzung (Online-Vorlage 3)**

Name des Kandidaten:	*Tim Wilms*
Fachliche Kompetenzen (benötigte Hard Skills):	*BI/Analytics*
Vorhandene Hard Skills:	*schnelle Analysen mit gutem Fazit* *Marktrecherchen auch in Englisch* *guter Projektmanager*
Soft Skills:	*pragmatischer Denker* *hohe Lösungsorientiertheit* *kann Analysen anschaulich erklären*
Delegationsfähigkeit:	*6–7*
Typus:	*„Der Ehrgeizige"*
Qualitätsstandard entsprechend Typus:	*80 %*
Innere Zielsetzungen:	*braucht viel Anerkennung, nicht nur am Ende des Projektes*
Sonstige Kommentare:	*Fachlich sehr gut, er muss aber bzgl. Geschwindigkeit und Austausch im Team auf seine Kooperation achten!*

Offenheit ungewohnt für das Team ist, werden viele Kollegen sicherlich ein Problem mit dieser sehr persönlichen Einschätzung in aller Öffentlichkeit haben, sodass Sie die offene Variante nur wählen sollten, wenn sie mit ausreichend gefestigten Mitarbeitern zusammenarbeiten. Zudem sind viele Personen betroffen und es wird viele Diskussionen geben, weshalb wir davon eher abraten. In jedem Fall aber können Sie im finalen Team ihre Beweggründe für die Zusammensetzung im Groben und mit mehr Fokus auf die jeweils positiven Eigenschaften der einzelnen Team-Mitglieder näher erläutern.

Eine kompakte Übersicht über den idealtypischen Teamaufbau finden Sie in Tab. 3.3.

3.1.2 Implementierung des Prinzips „Transparenz"

Nachdem das Projekt-Team bestimmt wurde, stellt der Projektmanager es in einem maximal einstündigen Kick-off-Meeting den Stakeholdern und dem Team vor. Die Agenda für dieses Meeting lautet:

Tab. 3.3 Ablauf Aufbau Projekt-Team (Online-Vorlage 1)

Schritt	Wer?	Was?	Was genau?
1	Stakeholder	besetzt Rolle des Projektmanagers	
2	Projektmanager	liest dieses Buch	
3	Projektmanager und Sparringspartner	Erstellung der fachlichen Anforderungen	Jeder füllt für sich Tab. 3.1: Übersicht über die fachlichen Anforderungen aus (10 min). Gemeinsamer Abgleich von Tab. 3.1 und Erstellen einer gemeinsamen Übersicht über die fachlichen Anforderungen (20 min).
4	Projektmanager und Sparringspartner	Erstellung der Auswahl der Projekt-Team-Mitglieder	Eintragen der potenziellen Kandidaten durch Projektmanager und Sparringspartner unabhängig voneinander (Tab. 3.2). Gemeinsamer Abgleich aller Kandidaten-Sheets und Festlegung des Teams (60 min).
5	Projektmanager, ggfs. Stakeholder und Team	Kick-off-Meeting (60 min)	Der Projektmanager stellt diese drei Themen vor: - Projekt-Thema - Projekt-Team - Rollenverteilung aus organisatorischer Sicht
6	Projektmanager und Team-Mitglieder	Einzelgespräche	Besprechung folgender Punkte: - persönlich besser kennenlernen - beiderseitige Wünsche und - Befürchtungen in Bezug auf das Projekt

(*Fortsetzung*)

Schritt	Wer?	Was?	Was genau?
7	alle Team-Mitglieder	lesen die 5 Prinzipien	siehe Tab. 3.4
8	Projekt-Team	6. Team-Meeting	- Erläuterung der fünf Grundprinzipien - Team-Commitment erarbeiten und schriftlich fixieren und von allen unterschreiben lassen - Besprechung jeder einzelnen Rolle im Team inklusive der verschiedenen Verantwortlichkeiten sowohl inhaltlicher als auch organisatorischer Art
Projekt-start			

I. Projekt-Thema
II. Projekt-Team
III. Rollenverteilung aus organisatorischer Sicht

Alle anderen Details zum Projekt stehen noch nicht fest und können daher zu diesem Zeitpunkt noch nicht verkündet werden. Wichtig im Zusammenhang mit diesem Meeting ist, dass der Projektmanager oder ggfs. ein erfahrener Mitarbeiter es gut strukturieren und moderieren können. Fragen sind natürlich erlaubt und erwünscht und bringen das Projekt voran. Etwas zu fragen bedeutet aber nicht, es in Frage zu stellen, und Letzteres müssen Sie in dieser Phase des Projekts gut kanalisieren, um nicht von Anfang an alles totreden zu lassen.

3.1.3 Implementierung der Prinzipien „Klarheit" und „Erwachsene wie Erwachsene behandeln"

Ebenfalls vor dem eigentlichen Projektstart schaffen Sie die Grundlagen für die Zusammenarbeit im Team. Hierbei ist es besonders wichtig, dass Sie von Anfang an Erwartungen klar kommunizieren und die Verantwortung richtig zuweisen, damit später niemand sagt, dass er nicht wusste, dass er Verantwortung trägt.

In einem ersten Schritt führen der Projektmanager und ggfs. der Stakeholder daher Einzelgespräche mit allen künftigen Team-Mitgliedern. Ziel dieser Gespräche ist es zum einen, sich persönlich besser kennenzulernen und Wünsche und Befürchtungen in Bezug auf das Projekt auszutauschen. Zum anderen kann der Projektmanager sich hier schon grundlegend positionieren und seine Erwartungen klären. Bitten Sie jedes Team-Mitglied, bis zum ersten Team-Meeting die Zusammenfassung der 5 Prinzipien aus Tab. 3.4 zu lesen, bestenfalls auch die Management Summarys oder das ganze Buch. Eine Zusammenfassung der Prinzipien können Sie auch im Download-Bereich (Vorlage 4) herunterladen.

Nach den Einzelgesprächen setzen Sie ein erstes teaminternes Meeting an. Erläutern Sie die fünf Grundprinzipien, sodass alle Mitglieder dasselbe Verständnis von Zusammenarbeit entwickeln können. Erarbeiten Sie zudem, am besten gemeinsam, das schriftliche Team-Commitment. Dies sind gemeinsam erarbeitete Regeln und Selbstverpflichtungen, die zu einem produktiveren Arbeiten und damit zu einem erfolgreicheren Projekt führen.

Darin sollten sich zum Beispiel alle Team-Mitglieder auf die 5 Grundprinzipien verpflichten. Auch organisatorische Regeln können in diesem

Tab. 3.4 Die 5 Prinzipien der Katana-Methode (Online-Vorlage 4)

Prinzip	Erklärung
Prinzip 1: Unnötiges weglassen	Fokus auf tatsächliche Arbeit; Streichen von unnötigen Meetings, Diskussionen, überdimensionierter Planung, Feedback-Schleifen und Produkt-Features.
Prinzip 2: Transparenz	Jeder im Projekt erhält alle Informationen, die er braucht, und gibt von sich aus alle Informationen, die andere von ihm brauchen.
Prinzip 3: Einfach mal machen	Fokus auf schnelle Umsetzung und Lernen, Mut zu Fehlern, produktive Arbeitsatmosphäre.
Prinzip 4: Klarheit	Strukturen und Entscheidungswege müssen jedem klar sein, alle Beteiligten bemühen sich um klare Kommunikation.
Prinzip 5: Erwachsene wie Erwachsene behandeln	Rechte und Pflichten halten sich die Waage, Rücksichtnahme in sinnvollem Maß, Eigenverantwortung für Commitments und Tasks.

Gespräch bereits geklärt werden, beispielsweise welche Art von Transparenz erwartet wird, wie untereinander kommuniziert wird, welche Pausenregeln es gibt etc. Jede einzelne Rolle im Team wird besprochen inklusive der verschiedenen Verantwortlichkeiten sowohl inhaltlicher als auch organisatorischer Art. Am Ende des Teammeetings drucken Sie das erarbeitete Commitment-Sheet möglichst groß aus, lassen es von jedem einzelnen Mitarbeiter unterzeichnen und hängen es gut sichtbar im Projektraum auf. So kann man bei Bedarf immer wieder darauf verweisen. Eine entsprechende Vorlage finden Sie ebenfalls online (Vorlage 5) und auch sehr umfangreiche Beispiele für mögliche Inhalte des Team-Commitments. Dies hat natürlich keinerlei arbeitsrechtliche Konsequenzen, es zeigt aber, dass für das Unternehmen und die Mitarbeiter die vereinbarten Regeln gleichermaßen wichtig sind.

Das Commitment-Sheet kann zum Beispiel aussehen wie in Tab. 3.5.

Kickoff-Meeting, Einzelgespräche und Team-Meeting nehmen zwar einige Zeit in Anspruch. Wenn es Ihnen aber gelingt, hier die richtigen Weichen zu stellen, haben Sie damit einen riesigen Schritt zu einem erfolgreicheren Projekt geschafft. Außerdem bedeutet die ganz konkrete Festlegung auf exakt diese drei Meetings im Umkehrschluss, dass es auch nicht mehr als diese drei Meetings vor Projektstart geben wird. Wer bereits Projekterfahrung hat, weiß, dass oft im Vorfeld ein regelrechter Meeting-Marathon stattfindet, den wir hiermit bewusst steuern und eindämmen.

3.1.4 Gewünschter Qualitätsstandard des Projektes

Ebenfalls vor Projektstart sollten Sie einen gewünschten Qualitätsstandard für Ihr Projekt festlegen. Denn nicht in jedem Fall und in jedem Projekt müssen Sie eine Qualitätsstufe von 100 % erreichen. Vielmehr gibt es immer einen Trade-off zwischen Qualität und Zeit. Vor Projektstart ist der richtige Zeitpunkt, sich darüber Gedanken zu machen, welchen Qualitätsstandard man wirklich erreichen möchte, um eventuelle Verbesserungen in die Zeit nach dem Projekt zu verlagern.

Beispiel: Qualitätsstandard

Für unser Beispielprojekt reicht eine Qualitätsstufe von 80 %. Der Kunde soll eine gut funktionierende Hilfe erhalten und insgesamt eine erfreuliche User Experience, es drohen aber keine strafrechtlichen Konsequenzen, wenn mal etwas nicht perfekt funktioniert wie im Bankensektor. Und das Projekt soll dem Kunden nicht erst in 12 Monaten zur Verfügung stehen, sondern schon in 3 Monaten live gehen, kurz bevor es erfahrungsgemäß einen gewissen Ansturm an Kundenanfragen gibt.

Nur beim ganz gut abzukapselnden Thema „personenbezogene Daten und Datensicherheit" verlangen Sie natürlich die 100-prozentige Lösung.

Tab. 3.5 Commitment-Sheet (Beispiel) (Online-Vorlage 5)

Grundprinzip	Commitment	Beschreibung
Grundprinzip 1 bis 5	Die 5 Grundprinzipien der Katana-Methode	*Ich committe mich auf die Einhaltung der 5 Grundprinzipien entsprechend dem Handout (Prinzip 1: Unnötiges weglassen, Prinzip 2: Transparenz, Prinzip 3: Einfach mal machen, Prinzip 4: Klarheit, Prinzip 5: Erwachsene wie Erwachsene behandeln).*
Grundprinzip 1: Unnötiges weglassen	Planung nach agilem Ansatz	*Naheliegende Tätigkeiten plane ich detaillierter als weiter entfernte To-dos. Nur unmittelbar bevorstehende Arbeiten plane ich wirklich gründlich durch. Wenn die Planung länger dauert als die Umsetzung selbst, lasse ich die Planung ganz weg.*
	Inhaltlich nur das, was wirklich nötig ist	*Bei der inhaltlichen Planung und Umsetzung des Projektes halte ich es möglichst einfach, um schnell vorankommen zu können und mich nicht zu verlieren in unnötigen Features und Planungen.*
	Arbeiten nach agilem Ansatz	*Ich gehe beim Arbeiten möglichst iterativ vor, um nach kurzer Zeit eine erste Version fertig zu haben, die dann verbessert wird, um möglichst schnell eine zweite Version zu haben, die dann wieder verbessert wird usw.*

(*Fortsetzung*)

Tab. 3.5 (Fortsetzung)

Grundprinzip	Commitment	Beschreibung
		Jeder im Projekt-Team darf seine Meinung zu etwas äußern, aber es muss auch klar sein, dass nicht jede Meinung berücksichtigt werden kann, ohne dass dies persönlich genommen wird und es sich damit auf die weitere Arbeitsleistung auswirkt. Ich akzeptiere getroffene Entscheidungen und trage sie mit, auch wenn sie nicht immer meiner Meinung entsprechen.
		Ich versuche bestmöglich die Einhaltung eines 80-Prozent-Qualitätsstandards. D.h. ich liefere keine 100-prozentige Perfektion ab, aber auch keinen fragilen Prototyp. Nur beim Thema Daten und Datensicherheit liefern wir die notwendige 100-prozentige Lösung.
		Nur, wenn ein neues Tool eine wirkliche Zeitersparnis bringt und diese auch von Anfang an unter Beweis stellt, hat ein Tool eine Daseinsberechtigung und es darf eingeführt bzw. verwendet werden.
Grundprinzip 2: Transparenz	Transparenz	*Ich sorge für absolute Transparenz bei allen für das Projekt relevanten Informationen. Und ich sorge für Informationsgleichheit im Projekt, das heißt, jeder hat dieselben Informationen zur Verfügung. Dies erreiche ich durch aktives Vorleben, durch das Einfordern von Transparenz, durch das Aufmerksammachen auf mangelnde Transparenz und durch das Schaffen und Nutzen von einfachen Systemen.*
	Kontrolle	*Ich akzeptiere, dass Kontrolle mit "Kontrolle über das Geschehen behalten" zu tun hat – und es hierfür erforderlich ist, dass Informationen zum Geschehen vorliegen.*

(Fortsetzung)

Tab. 3.5 (Fortsetzung)

Grundprinzip	Commitment	Beschreibung
Grundprinzip 3: Einfach mal machen	Gemeinsame Regeln	*Ich unterstütze das Vereinbaren von gemeinsamen Regeln, da es die Zusammenarbeit vereinfacht und sich alle wie Erwachsene zueinander verhalten können.*
	„Könnte, müsste, sollte"	*Ich versuche, in Diskussionen den Konjunktiv zu vermeiden und stattdessen konkrete, aktive Vorschläge zu machen.*
	Produktive Arbeitsatmosphäre	*Ich schaffe zusammen mit meinem Team eine absolut disziplinierte und allein auf das Projekt fokussierte Arbeitsatmosphäre, die für alle zu einem befriedigenden Gefühl führt.*
	Umgang mit Fehlern	*Ich gebe Fehler unmittelbar nach Erkennen auch dem Team bekannt und stehe zu meinen Fehlern. Wenn andere Fehler machen, versuchen wir gemeinsam daraus zu lernen, verkneifen uns jedweden Spruch oder negativen Kommentar dazu.*
	Netto-Arbeitszeit	*Ich committe mich, an einem 8-Stunden-Arbeitstag 6 Stunden wirkliche Netto-Arbeitszeit zu leisten.*
	Pausen	*Ich committe mich, immer mindestens 75 Minuten am Stück zu arbeiten, um einen gewissen Flow-Effekt beim Arbeiten zu erzielen. Ich achte darauf, andere nicht aus der Arbeit herauszureißen.*
	Gespräche im Projektraum	*Private Gespräche ebenso wie Gespräche, die inhaltlich nichts mit dem Projekt zu tun haben, verlagere ich auf die Pausen.*
	Handynutzung und Nutzung von Messengern	*Ich nutze mein Handy nur in den Pausen und habe es ansonsten lautlos gestellt und schaue nicht ständig aufs Display.*

(Fortsetzung)

Tab. 3.5 (Fortsetzung)

Grundprinzip	Commitment	Beschreibung
Grundprinzip 4: Klarheit	Klarheit in der Kommunikation	*Wenn ich eine Information weitergebe, sorge ich dafür, dass sie von allen verstanden wird. Wenn ich eine Information erhalte, sorge ich dafür, dass ich sie wirklich verstehe.*
Grundprinzip 5: Erwachsene wie Erwachsene behandeln	Persönliches Commitment	*Nicht nur das Team als Ganzes verpflichtet sich, alles in unserer Macht stehende zu tun, damit das Projekt ein Erfolg wird, sondern auch ich persönlich committe mich und stehe auch dafür gerade, wenn eine Deadline nicht gehalten oder ein Fehler gemacht wurde.*
	Commitment auf das Projektende	*Ich verpflichte mich darauf, alle geplanten Deadlines und das geplante Projektende einzuhalten und mein Bestes zu geben, damit wir diese Termine erreichen.*
Datum und Unterschrift aller Team-Mitglieder des Projekts:		

Auch der gewünschte Qualitätsstandard sollte Thema beim Kickoff-Meeting und vor allem beim ersten Team-Meeting sein, damit sich alle darüber im Klaren sind und dies auch Eingang ins Team-Commitment findet (Tab. 3.5).

3.2 Was müssen Sie bei der inhaltlichen Planung beachten?

Die inhaltliche Planung des Projekts ist aufgebaut wie eine Pyramide (Abb. 3.1): Von der obersten Ebene, der Projekt-Vision, begibt man sich auf immer detailliertere Planungsebenen, bis man die Detail-Planung für das Projekt erstellt hat. Diese unterschiedlichen Ebenen werden von verschiedenen Mitarbeitern des Unternehmens oder des Projekts zu unterschiedlichen Zeitpunkten erarbeitet.

Abb. 3.1 Projekt-Planung anhand der Projekt-Pyramide

Gemäß unserer fünf Prinzipien gilt für alle Ebenen, dass sie möglichst einfach gehalten sein sollen, vollständige Transparenz über die einzelnen Planungsschritte besteht und von demjenigen, der die Planung verfasst, auch die Verantwortung dafür übernommen wird.

3.2.1 Projekt-Vision formulieren

Die eigentliche Projekt-Initiierung erfolgt meist durch eine allererste, grobe Anforderung „von oben". In Unternehmen sind es meist Geschäftsführer oder Gesellschafter, die die verschiedenen Impulse aus dem Markt filtern und in Form von Ideen und Strategien ans Team weitergeben.

Beispiel: Projekt-Vision entwickeln

Für unser Beispiel-Projekt lautet die grobe Anforderung: „Wir müssen die ganzen Fragen unserer Kunden schneller, intelligenter und auch effizienter beantworten. Und endlich state of the art werden dabei!". Aus dieser groben Anforderung formulieren wir dann eine ebenso kurze Projekt-Vision:

„Wir wollen alle produktbezogenen Fragen und Probleme unserer Kunden über sämtliche Kommunikationskanäle schnell, umfassend und effizient lösen."

Vielleicht erscheint Ihnen diese Vision zu allgemein. Natürlich kann man nicht „alle produktbezogenen Probleme“ lösen – viele Probleme sind so einzigartig, dass man als Unternehmen gar nicht in der Lage ist, eine Lösung hierfür bereitzustellen. Auch „sämtliche Kommunikationskanäle“ ist nicht sehr konkret. Was ist zum Beispiel, wenn jemand an der Tür klingelt und eine Frage stellt? Dafür wollen Sie vielleicht gar keinen Prozess definieren, weil es so unwahrscheinlich ist.

Der Sinn einer Projekt-Vision ist aber auch gar nicht, bis ins letzte Detail festzulegen, wie das Projekt genau ausgestaltet sein soll. Sie gibt die Richtung vor wie ein Kompass, nicht wie eine detaillierte Routenbeschreibung. Wir befinden uns an dieser Stelle an der Spitze der Pyramide. Es ist also nicht nur völlig in Ordnung, allgemeiner zu formulieren und Detailfragen auf später zu vertagen, sondern es ist sogar erforderlich, um unseren fünf Projektprinzipien zu entsprechen. Um dem Team die Freiheit zu geben, das Projekt sinnvoll und agil auszugestalten, muss die Projekt-Vision außerdem offener formuliert sein. Je konkreter Sie zu einem so frühen Zeitpunkt formulieren, desto mehr Möglichkeiten nehmen Sie sich später im Projekt.

3.2.2 Ideen sammeln und generieren

Ist die Projekt-Vision erstellt und ans Team übergeben worden, beginnt die Planung auf der nächsttieferen und detaillierteren Ebene der Pyramide: die Ideen-Sammlung und -Generierung. Ziel hierbei ist es, ein möglichst realistisches Bild aller Teil-Ideen zu gewinnen, die für das Projekt erforderlich sein können.

Unrealistische Ideen, für die eindeutig Aufwand und Nutzen nicht in einem sinnvollen Verhältnis stehen, können bereits an dieser Stelle aussortiert werden, um Unnötiges wegzulassen. Ideen werden zu diesem Zeitpunkt der Projektplanung unpriorisiert gesammelt und aufgelistet.

Hierzu gibt es drei Methoden, die alle nacheinander durchgeführt werden müssen, weil sie zu unterschiedlichen Ergebnissen führen und die Gesamtzahl an Ideen somit höher wird:

- Vorhandene Ideen (zum Beispiel in Ticketing-Systemen oder im Projekt-Backlog) müssen vom Projektmanager gebündelt und bewertet werden.
- In Interviews mit repräsentativen Stakeholdern werden weitere Ideen zum Projekt gesammelt.
- Das gesamte Team kann über einfache Eingabemöglichkeiten (zum Beispiel Plakate an gut sichtbarer Stelle im Büro) eigene Ideen einbringen.

Darüber hinaus führt die Anwendung dieser Methoden auch dazu, dass man bereits ein Bild über die Wichtigkeit und die Durchführbarkeit der einzelnen Ideen entwickelt, weil man auf vorhandenes Wissen im Unternehmen zurückgreift. Die Verantwortung für die Planung auf dieser Ebene liegt bei der Projektleitung.

3.2.3 Vorhandene Ideen bündeln

Oft gibt es im Unternehmen bereits viele Ideen, die auf die Projekt-Vision einzahlen. Ein erster Schritt besteht daher darin, diese Ideen zu bündeln und aufzulisten. Besteht im Unternehmen Transparenz in Form eines offenen Backlogs, kann der Projektmanager diese Aufgabe in wenigen Stunden alleine erledigen.

Beispiel: Projekt-Beschreibung

In unserem Beispielprojekt beauftragen wir also unseren Projektmanager damit, einen allerersten Entwurf einer groben Beschreibung des Projektes zu erstellen. Darin fließen auch schon Ihre eigenen Vorstellungen des Projekts ein. Das erste Ergebnis der Ideen-Bündelung ist in unseren Fall innerhalb einer knappen Stunde erstellt:

- komplett neuer Webseiten-Bereich
- komplett neuer Bereich in unseren nativen Apps
- Login-Funktion
- neue FAQs, die entsprechend Suchvolumen automatisch neu sortiert werden
- intelligenter Such-Algorithmus
- Wissensdatenbank mit entsprechendem Rechtemanagement

(Kunden, Kundendienst, Redakteure, interne Stakeholder usw.)

- einheitliches Tracking-System für Website, Apps und Suchanfragen
- integrierte Chat-Funktion
- integrierte WhatsApp-Funktion
- integrierte Skype-Funktion
- Anbindung an Kundendienst-Telefonanlage
- Anbindung der verschiedenen Social-Media-Kanäle an das Kundendienst-Tool

Dieser erste Entwurf ist recht schnell zusammengefasst und hat bisher nur sehr wenig Zeit in Anspruch genommen, er bildet aber schon in dieser Form eine gute erste Grundlage für das Projekt.

3.2.4 Stakeholder-Interviews durchführen und zusammenfassen

Im nächsten Schritt geht es darum, alle wirklich relevanten Stakeholder zu interviewen. Viele Projekte berühren verschiedene Bereiche im Unternehmen, und es ist sinnvoll, so viele verschiedene Kolleginnen und Kollegen wie möglich zu ihren Ideen und Meinungen zu befragen. Um dies gut steuern zu können und auch die Erwartungen der Interviewten gut zu managen, muss der Projektmanager klar und transparent zeigen, dass es hier um Ideengenerierung und nicht um die Erstellung der tatsächlichen Anforderungen an das Projekt geht. Ist dies nicht klar genug, können falsche Erwartungen entstehen und die Enttäuschung über das Projekt ist bereits von Anfang an vorprogrammiert.

Um ein möglichst breites Bild zu bekommen, ist es außerdem wichtig, nicht immer dieselben Leute zu befragen und so dieselben Ideen zu bekommen. Gerade Stakeholder, die ohnehin sehr sichtbar im Unternehmen sind, werden ihre Ideen schon in den unternehmenseigenen Ideensammlungen platziert haben. Wenn Sie Ihre Interview-Partner ausschließlich in den Reihen solcher Mitarbeiter suchen, können Sie nicht viele neue und ungewöhnliche Ideen erwarten.

Wählen Sie daher 5–8 (je nach Größe des Projekts) Interview-Partner aus unterschiedlichen Unternehmensbereichen, auf unterschiedlichen Hierarchiestufen sowie mit verschiedener Dauer der Unternehmenszugehörigkeit aus.

Selbstverständlich darf keiner der interviewten Kollegen unvorbereitet ins Interview kommen, bestenfalls hat er vorab auch schon Feedback in seinem jeweiligen Team eingesammelt.

Beispiel: Ideen-Generierung durch Interviews

Wir planen in unserem Beispiel-Projekt dafür 6 kurze Interviews ein, die persönlich, aber auch per Videochat oder zur Not per Telefon geführt werden können. Unsere Stakeholder sind:

- zwei Kollegen aus dem Kundenservice
- ein Kollege aus dem Reklamations-Team
- je ein Kollege aus dem Marketing, aus dem Sales-Team und aus dem Business Development

Da Mitarbeiterinnen und Mitarbeiter aus dem Kundendienst interviewt werden, verzichten wir an dieser Stelle darauf, Interviews mit der Kundschaft direkt durchzuführen.

Wir führen diese Interviews alle an einem Tag und fassen die Ergebnisse auch am selben Tag noch zusammen, damit möglichst aus dem Kopf heraus beschrieben werden kann.

3.2.5 Internes Crowdsourcing und Selbst-Marketing

Die dritte Methode zur Ideengenerierung holt gleichzeitig den Rest des Unternehmens oder des Bereichs ins Boot. In einem internen Aufruf werden alle Kolleginnen und Kollegen gebeten, Ideen zum Projekt an einer zentralen Stelle abzugeben. Damit diese Methode nicht ausufert und die eigentliche Arbeit nicht darunter leidet, muss klar kommuniziert werden, dass nicht in Eigenregie Zeit auf die Ideengenerierung verwendet werden soll, sondern dass dies eine Gelegenheit ist, neue oder alte Ideen zu einem bestimmten Thema entsprechend zu platzieren. Wichtig hierfür ist, dass asynchrone Kommunikationswege bereitgestellt werden, sodass jeder

Mitarbeiter und jede Mitarbeiterin dann seine Idee „loswerden" kann, wenn es gerade am wenigsten stört. So ist er nicht darauf angewiesen, auf ein Meeting oder einen Termin mit dem Projektmanager zu warten.

Der Zeitraum der Ideengenerierung sollte möglichst kurzgehalten werden. Die zeitliche Begrenzung muss ebenfalls von Anfang an deutlich kommuniziert werden. Wer zu dieser Zeit in Urlaub ist, viel zu tun hat oder verpasst hat, die Aufforderung zu lesen, kann nicht im Nachhinein noch seine Ideen nachreichen (Prinzip „Erwachsene wie Erwachsene behandeln").

Beispiel: Veröffentlichung des Projekts

Im Beispiel schreiben wir eine Mail an alle Teams, dass dieses Projekt mit den oben beschriebenen Anforderungen demnächst angegangen wird. Zusätzlich veröffentlichen wir es noch über einen Aushang. Dies kann digital im Intranet erfolgen, wir bevorzugen jedoch die Offline-Variante mit großem Aushang an prominenter Stelle in der Nähe von Drucker und Kaffeemaschine, wo die meisten Kollegen vorbeikommen und sich auch kurz aufhalten. Denn wir informieren im Sinne der Transparenz nicht nur über das Projekt, sondern wir fordern auch alle auf, Ideen und Hinweise abzugeben.

Dazu gibt es Post-Its und Stifte beim Aushang und die deutliche Aufforderung, Kommentare zu den Anforderungen beim jeweiligen Punkt anzubringen. Selbst wenn bei diesem internen Crowdsourcing nur wenige mitmachen und natürlich auch nicht jede Idee nachher ins Projekt einfließen kann, so steigert es die Akzeptanz für ein Projekt erheblich. Und nebenbei ist es ein wenig Selbst-Marketing für das Projekt, welches bei uns natürlich eines neben vielen anderen Projekten ist. Auch im Vorfeld haben wir schon im Intranet, in Team-Mails und bei Belegschaftsrunden Eigenwerbung für das Projekt gemacht.

Die Zusammenstellung der Ideen ist im Vergleich zur Vision deutlich konkreter und beschreibt die einzelnen Bestandteile des Projekts von der Ergebnisseite her. Der Projektmanager erstellt hier also eine Liste aller Ergebnisse, die Sie nach Abschluss des Projekts haben werden: Features, Prozesse oder Produkte. Diese Sammlung enthält dagegen nicht, wie diese einzelnen Bestandteile erreicht werden sollen. Dies ist erst Teil der späteren Planung.

Wie auf allen Ebenen ist es auch hier wichtig, einen Abgleich mit den vorangegangenen Ebenen – hier also mit der Projekt-Vision - vorzunehmen, um festzustellen, ob die Planung noch das abbildet, was ursprünglich gefordert war.

Beispiel: Ausarbeitung der Ideenliste

Die Ideenliste des Beispiels folgt der Richtung der Projekt-Vision und gestaltet diese konkreter aus. Dadurch weiß man an dieser Stelle auch genauer, welche Dinge nicht Bestandteil des Projekts sind – ganz dem Prinzip „Unnötiges weglassen" folgend. Ein Prozess, um Fragen von Kunden zu beantworten, die persönlich am Firmensitz vorbeikommen, ist beispielsweise nicht geplant, weil er unnötig ist.

3.2.6 Projektziel

Auf der nächsten, wieder etwas detaillierteren Ebene, wird das Projektziel definiert. Dies besteht aus drei Teilen:

1. finale Ideenauswahl
2. Kriterien für den Projekterfolg
3. zeitliche Planung

3.2.7 Finale Ideenauswahl

Aus all den Ideen, die auf der letzten Ebene generiert werden, muss der Projektmanager in Zusammenarbeit mit dem Stakeholder des Projekts entscheiden, welche zum Anforderungsprofil des Projekts gehören sollen. Hierzu muss eine Priorisierung vorgenommen werden, die sich an der Vision, der Machbarkeit und den Kundenwünschen orientiert. Ein gutes System besteht darin, Punkte in diesen und weiteren relevanten Kriterien für jede einzelne Idee zu verteilen, sie ggfs. zu gewichten und anschließend zu addieren. Im Download-Bereich (Vorlage 7) finden Sie die Vorlage aus Tab. 3.6 für ein Ideen-Scoring, das Sie hierzu verwenden können. Damit erhält man bereits eine erste systematische Reihenfolge der Ideen, die natürlich noch einmal mit Augenmaß begutachtet werden muss. Parallel zur Auswahl der einzelnen Ideen findet die zeitliche Planung statt. Der Grund hierfür ist, dass es natürlich nicht möglich ist, eine

Tab. 3.6 Vorlage fürs Ideen-Scoring (Online-Vorlage 7)

Idee	Nähe zur Vision	Aufwand	Kundenwunsch	Monetärer Nutzen	Wert
Gewichtung in % →	**20 %**	**30 %**	**20 %**	**30 %**	
	1-sehr entfernt 10-sehr nah	*1-sehr hoch 10-sehr niedrig*	*1-sehr entfernt 10-sehr nah*	*1-sehr gering 10-sehr hoch*	
komplett neuer Webseiten-Bereich	*7*	*7*	*6*	*2*	**5,3**
komplett neuer Bereich in unseren nativen iOS- und Android- Apps	*7*	*5*	*7*	*2*	**4,9**
Login-Funktion	*6*	*8*	*5*	*2*	**5,2**
neue FAQs, die entsprechend Suchvolumen automatisch neu sortiert werden	*10*	*3*	*8*	*2*	**5,1**
intelligenter Such-Algorithmus	*6*	*6*	*7*	*4*	**5,6**
Wissensdatenbank mit entsprechendem Rechtemanagement (Kunden, Kundendienst, Redakteure, interne Stakeholder usw.)	*9*	*1*	*8*	*4*	**4,9**
einheitliches Tracking-System für Website, Apps und Suchanfragen	*4*	*7*	*0*	*8*	**5,3**
integrierte Chat-Funktion	*6*	*9*	*5*	*1*	**5,2**
integrierte WhatsApp-Funktion	*4*	*9*	*5*	*1*	**4,8**
integrierte Skype-Funktion	*3*	*9*	*2*	*1*	**4,0**
Anbindung an Kundendienst-Telefonanlage	*3*	*8*	*2*	*3*	**4,3**
Anbindung der verschiedenen Social Media-Kanäle an das Kundendienst-Tool	*6*	*6*	*0*	*6*	**4,8**

zeitliche Planung aufzustellen, bevor die konkreten Ideen festgelegt sind. Tatsächlich bestehen hier wechselseitige Abhängigkeiten, da zeitliche Restriktionen berücksichtigt werden müssen. Es kommt also ebenso häufig vor, dass die zeitliche Planung Einfluss auf die Auswahl der am Ende umgesetzten Ideen hat. Entsprechend erfolgt die Planung hier iterativ, während man versucht, beidem – Inhalt und zeitlichen Anforderungen – so gut wie möglich gerecht zu werden.

Einen idealtypischen Ablauf der ersten Projektwoche finden Sie in Tab. 3.7 (Online-Vorlage 6).

Tab. 3.7 Idealtypischer Ablauf der Projekt-Planung (Online-Vorlage 6)

Wann?	Was?
Im Vorfeld	Startzeitpunkt für das Projekt-Team organisieren bereits bekannte Termine ansetzen (z. B. Stakeholder-Interviews) Eigenwerbung für das Projekt organisieren
Tag 1	Projekt-Vision aus grober Ein-Satz-Anforderung formulieren kurze Beschreibung der beinhalteten Elemente und Funktionen Bündelung vorhandener Ideen aus Backlog Aushang auf Grundlage der Kurzbeschreibung erstellen und aufhängen Team-Mail und Intranet-Beitrag erstellen und verschicken weitere mögliche Eigenwerbung organisieren (falls nicht bereits im Vorfeld geschehen) Stakeholder-Interviews für den Folgetag terminieren
Tag 2	Stakeholder-Interviews durchführen Stakeholder-Interviews in Planung einfließen lassen
Tag 3	Planung und Projekt-Organisation durch Projektmanager
Tag 4	Planung und Projekt-Organisation durch Projektmanager
Tag 5	Interne Crowdsourcing-Ergebnisse in Planung einfließen lassen
Tag 6	Projektbeginn Inhalte der ersten Version beschließen zeitliche Abschätzung der ersten Version abschließen transparentes Visualisieren der Tasks, der Bearbeiter und der zeitlichen Einschätzung Beginn der Arbeiten an den eigentlichen Tasks
Tag X	Inhalte der zweiten Version beschließen eitliche Abschätzung der zweiten Version abschließen ransparentes Visualisieren der Tasks, der Bearbeiter und der zeitlichen Einschätzung Beginn der Arbeiten an den eigentlichen Tasks

3.2.8 Zeitliche Planung

Projektumfang und -dauer bedingen sich natürlich, und so müssen für jede weitere Idee, die dem Projektziel zugerechnet wird, entweder mehr Zeit oder mehr Personalressourcen zugestanden werden. Da das Team in unserer Planung bereits feststeht, hängen zeitliche Planung und Ideenumfang direkt miteinander zusammen. Während der Projektmanager und der Auftraggeber sich für bestimmte Ideen entscheiden, entsteht gleichzeitig die erste grobe zeitliche Planung des Projekts, in die die Schätzungen des Teams einfließen müssen. Diese erste Planung betrifft die Machbarkeit und die Gesamtdauer.

Um die Gesamtdauer für das Projekt abzuschätzen, empfiehlt es sich, 2–3 für das Projekt benötigte, versierte Kollegen (z. B. Projektmanager, Entwickler, Designer) zunächst eine halbe Stunde lang jeder für sich den jeweiligen zeitlichen Aufwand aller Projekt-Anforderungen abschätzen zu lassen und in einer weiteren halben Stunde dies gemeinsam miteinander abzugleichen. Dann sollten Sie noch die übliche Reserve einplanen, empfehlenswert sind immer mind. 20 % zusätzlich. So erhalten Sie in kurzer Zeit eine relativ solide Abschätzung. Die weitere Detailplanung – welche Idee wird wann umgesetzt und bis wann ist sie fertig – findet im Projekt selbst im Team statt.

Wir haben also nun innerhalb kurzer Zeit alle informiert und sehr viele involviert. In unserem Fall kann die gesamte weitere Detailplanung innerhalb unseres Projekt-Teams erfolgen. Der Startpunkt des Projekts wurde schon zu einem frühen Zeitpunkt festgelegt, damit sowohl die inhaltliche Planung als auch die Team-Organisation auf diesen Fixpunkt ausgerichtet werden können.

Wir haben für die Vorbereitungen und ersten Planungen nur eine Woche mit genau festgelegten Terminen angesetzt, damit das Projekt möglichst schnell in die eigentliche Umsetzung gehen kann.

Wir könnten auch einen Monat einplanen und uns in endlosen Diskussionen und Detailplanungen verlieren, ohne dass es am Ende zu einem besseren Ergebnis kommt, in jedem Fall aber zu einem späteren. Ohne die Einschätzung des Teams wird unserem Projektmanager ohnehin nur eine sehr ungefähre zeitliche Einschätzung gelingen. Und selbst das Team wird nicht auf den Tag genau, ja nicht einmal auf die Woche genau voraussagen können, wie lange es braucht.

3.2.9 Kriterien für Projekterfolg festlegen

Im Sinne der Klarheit und Transparenz sollten Sie direkt zu Projektbeginn festlegen, ab wann das Projekt erfolgreich ist. Nur so haben Sie ein deutliches Ziel vor Augen und geben sich selbst und dem Team die Möglichkeit, für künftige Projekte zu lernen.

Kriterien für den Projekterfolg müssen messbar sein, weswegen es sinnvoll ist, sie von Expertinnen und Experten erstellen zu lassen, die einen guten Überblick über Zusammenhänge im Unternehmen haben und sich mit entsprechenden KPIs auskennen. Diese Experten sind in der Folge auch dafür verantwortlich, den Projekterfolg zu monitoren.

Beispiel: Projekt-Controlling

Nachdem wir einigermaßen umrissen haben, was am Ende des Projekts entstanden sein soll, bitten wir nun unser Analytics-Team, KPIs festzulegen, um damit herausfinden zu können, ob die geplanten Maßnahmen auch von unseren Kunden angenommen werden. Dazu lassen wir eine Liste mit vielen möglichen Erfolgsfaktoren erarbeiten, von denen während und nach dem Projekt letztlich fünf regelmäßig überprüft werden. Die fünf Erfolgsfaktoren sind:

- nach 6 Monaten 25 % weniger Anrufe mit dem Anrufgrund Standardfragen
- Nutzung der neuen WhatsApp-Funktion durch mindestens 3 % der Kunden
- Nutzung der neuen Rückruffunktion durch mindestens 3 % der Kunden
- nach 3 Monaten Anzahl neuer Logins um 20 % pro Monat gesteigert
- nach 3 Monaten ist jeder Kundendienstmitarbeiter so gut eingearbeitet, dass er durchschnittlich 3 Anfragen per Skype und WhatsApp parallel bearbeiten kann.

3.2.10 Planung zum Projektbeginn

Wir starten in das eigentliche Projekt also nur mit einer schriftlich fixierten Grobplanung, die das Feedback der Stakeholder und aus dem internen Crowdsourcing enthält, und nehmen die Detailplanung erst nach und nach im laufenden Projekt vor. Ebenso werden Kundeninterviews eingeplant, sobald es erste vorzeigbare Versionen oder zumindest Prototypen gibt.

Beispiel: Mehrwert für den Kunden

In unserem Beispielprojekt soll die erste Version der neue Service-Bereich auf der Webseite sein, weil die meisten Zugriffe der Kunden dort passieren. Erst in weiteren Schritten werden die Service-Bereiche in den Apps ausgebaut. Wir planen also als erste Version, dass es zumindest die neue Website gibt mit redaktionell eingepflegten FAQs. Damit wäre schon ein erster Mehrwert für den Kunden geschaffen und eine erste Version könnte sehr schnell live gehen.

Bedenken Sie bei Ihrer Planung immer, dass es viel einfacher ist, etwas schon Vorhandenes zu kritisieren und entsprechend auch zu verbessern als etwas, was es nur in der Theorie oder nur in groben Skizzen gibt. Eine erste zusammengebaute Website, ein erster Textentwurf, ein erstes reales Muster machen es für alle Beteiligten deutlich einfacher, es direkt auszuprobieren und dann zu verbessern.

Wir wissen also nun, was unsere erste Version können soll. Und für diese erste Version, und auch nur dafür, gehen wir nun gemeinsam mit dem Team in die Detailplanung. Wir überlegen, wie lange das Design für die Layouts braucht, die Entwickler zum Anlegen der neuen Bereiche und der entsprechenden Datenbankstrukturen, die Redaktion für den Content usw. Auch hier macht nun jeder für seine Tasks eine Aufwandsabschätzung, die für ein solch klar abgestecktes Ziel deutlich einfacher ist. Anschließend stellt jeder diese Abschätzung kurz vor. Begrenzen Sie gemeinsam mit dem Team die Diskussion zu jedem Bereich auf 10 Minuten, damit es im Rahmen bleibt. Das letzte Wort hat immer derjenige, der es nachher auch umsetzt und die Verantwortung für die Einschätzung übernimmt. Wenn also der Designer sagt, dass er für die Layouts inkl. Feedbackschleifen nur 2 Tage braucht, dann ist dies auch sein persönliches Commitment zu diesem Zeitaufwand.

Wir sitzen also nun zu Projektbeginn rund anderthalb Stunden zusammen, haben einige Diskussionen zur zeitlichen Abschätzung hinter uns und wissen, dass das Team für die erste Version ca. 9 Personentage brauchen wird, also knapp zwei Wochen.

3.2.11 Planung im weiteren Projekt-Verlauf

Wann immer wir eine Version fertig haben, planen wir genauso auch die nächste Version. Wir setzen uns im Team zusammen, setzen uns einen zeitlichen Rahmen zwischen ein und zwei Stunden, besprechen die anstehenden Inhalte, die daraus resultierenden Tasks, beschätzen diese in einer ersten Runde jeder für sich und in einer zweite Runde gemeinsam.

Jeder Task wird in unserem Team-Raum ausgehängt und entsprechend seinem geschätzten Enddatum zusammen mit den Namen des oder der Bearbeiter aufgehängt. So ist allen aus dem Team, aber auch allen Besuchern, klar, wann welcher Task durch wen fertig wird.

3.3 Was müssen Sie bei der Durchführung des Projektes beachten?

Wenn Sie sämtliche Aspekte der Planung erledigt haben, können Sie und Ihr Team sich auf die Durchführung des Projekts konzentrieren. Sie sind nun bestens gerüstet, um mit einer fachlich gut aufgestellten Mannschaft das Projekt in der abgeschätzten Zeit zu stemmen. Hierzu müssen Sie sich auch während des Projekts immer wieder die fünf Grundprinzipien ins Gedächtnis rufen und nach ihnen handeln. Ein paar typische Entwicklungen in Projekten, die auch in unserem Beispiel-Projekt auftreten könnten, und wie Sie damit umgehen können, haben wir Ihnen hier zusammengestellt.

3.3.1 Niemand weiß, woran man gerade ist

Orientierungslosigkeit ist eigentlich der Tod eines jeden Projekts, kommt aber dennoch sehr häufig vor. Das Team weiß nicht, wer für etwas verantwortlich ist, welche Aufgaben gerade anstehen oder ob man hinter den eigenen Terminen hinterherhinkt.

Gegen dieses Phänomen hilft Transparenz über alle Vorgänge: Jedes Projekt-Mitglied pflegt täglich seine Aufgabenliste und den Status, sodass jeder weiß, wie weit das Projekt fortgeschritten ist.

Beispiel: Projektmanagement im laufenden Projekt

In unserem Beispielprojekt haben wir dem Projektmanager die Aufgabe übertragen, anfangs täglich und später wöchentlich zu überprüfen, ob die Aufgabenlisten regelmäßig gefüllt werden, und gegebenenfalls einzufordern, dass Aufgaben und Tätigkeiten nachgetragen werden. Gute Projektmanagement-Tools können hier einiges an Arbeit abnehmen.

3.3.2 Alles dauert länger

Die gute Nachricht zuerst: Meistens dauern die Dinge gar nicht länger, als man schätzt. Erfahrene Mitarbeiter wissen relativ genau, wie lange sie für eine Tätigkeit brauchen, und planen außerdem ausreichend Puffer ein, um Unvorhergesehenes abzufangen. Aber:

Oft wird doch mehr Zeit mit Dingen verbracht, die nichts zum eigentlichen Projekt beitragen. Meetings werden abgehalten und überzogen, man geht mal schnell zum Kollegen, um etwas zu besprechen oder verliert sich in Aufgaben, die besser später erledigt werden.

Beispiel: Unnötiges weglassen im Projekt-Verlauf

Eine weitere Aufgabe unseres Projektmanagers ist daher, alle unnötigen Meetings zu verhindern, dafür zu sorgen, dass eher online kommuniziert wird und für Transparenz in Form von Boards in der Firma zu sorgen, sodass nicht jeder dieselbe Frage noch einmal stellen muss.

3.3.3 Informationen kommen zu spät an die relevanten Stellen

Während der Planung haben Sie dafür gesorgt, dass sämtliche Aufgaben einen konkreten Verantwortlichen haben. Dieser Verantwortliche muss dafür sorgen, dass die Information sofort an den Projektmanager gelangt, wenn die Aufgabe in Verzug ist.

Beispiel: Projekt-Meetings im Projekt-Verlauf

Aus diesem Grund hat unser Projektmanager in unserem Beispiel ein wöchentliches Team-Meeting anberaumt, in dem er jeden Einzelnen bestätigen lässt, dass seine Aufgaben noch im Plan sind oder welche Schwierigkeiten es gerade gibt. Dieses Meeting hat eine klare Agenda und wird moderiert, damit die Diskussionen in dem Termin nicht zu lange dauern. Gibt es Diskussionsbedarf zu einzelnen Punkten, die nicht alle Anwesenden betreffen, so können im Anschluss an das Meeting kurze Einzelgespräche geführt werden, bei denen in jedem Fall der Projektmanager dabei ist.

3.4 Was müssen Sie zum Projektabschluss und bei der Nachbereitung beachten?

Per Definition hat jedes Projekt auch ein festes Ende. In der Realität sind aber immer noch Aufgaben offen, weitere Anforderungen und Ideen sollten auch noch umgesetzt werden, es muss dokumentiert werden, alte und neu entstandene Fehler behoben, Inhalte gepflegt werden und vieles mehr. Je klarer geregelt wird, wer dies nach Projektende macht und wie der Projekterfolg auch in 3, 6 und 12 Monaten gemessen wird, umso besser wird auch das gesamte Projekt im tagtäglichen Ongoing funktionieren.

Wir haben dazu schon im laufenden Projekt ein großes Plakat aufgehängt, auf dem alle zu klärenden und zu organisierenden Tasks aufgeführt sind. Wie dies aussehen könnte mit beispielhaften Aufgaben zu unserem Projekt, sehen Sie in Tab. 3.8, die Sie auch bei unseren Downloads finden.

Tab. 3.8 **Beispiel zur Projekt-Nachbereitung (Online-Vorlage 8)**

Aufgabe	wer übernimmt es?	Zeitlicher Aufwand	wann und wie oft?
Funktions-Diagramme ins Intranet einpflegen	*Projektmanager*	*6 h*	*einmalig, nach Bedarf bei Funktionsänderungen*
Einarbeitung der Redakteure und Kundendienst-Mitarbeiter	*Projektmanager*	*8 h*	*einmalig, nach Bedarf bei Funktionsänderungen*
Bugfixing	*Dev-Team*	*nach Aufwand*	*nach Bedarf*
Content-Pflege	*Redaktion, Kundendienst*	*8 h*	*wöchentlich*
Seiten-Zugriffe im Webtracking kontrollieren	*Analytics-Team*	*0,5 h*	*täglich, später wöchentlich*
Funktionstest der Website, der Apps und der Kommunikationswege	*Projektmanager*	*2 h*	*anfangs wöchentlich, nach 2 Monaten alle 2 Wochen*
Retro, was man beim nächsten Mal besser machen kann	*Projekt-Team*	*1 h*	*einmalig*
Dokumentation für die buchhalterische Aktivierung	*Projektmanager*	*3 h*	*einmalig*

In unserem Fall sind dies vor allem die folgenden Punkte:

- Einarbeitung der Redakteure und Kundendienst-Mitarbeiter
- Bugfixing
- Content-Pflege
- Seiten-Zugriffe im Webtracking kontrollieren
- Funktionstest
- Funktions-Diagramme ins Intranet einpflegen

Der Vorteil ist, dass uns während der Arbeit To-dos oder auch Wünsche für später einfallen und wir diese an einem zentralen Ort sammeln können und diese nicht mehr untergehen. Denn sowohl bei erfolgreichen wie auch bei gescheiterten Projekten: Nach dem Projektabschluss sackt die Aufmerksamkeit bzgl. des Projekts bei allen Beteiligten erst mal weg und eigentlich notwendige Aufgaben gehen unter.

Dort, wo es sich anbietet, können auch vorab definierte KPIs, die den Erfolg des Projekts messen, mit Unterstützung des Analytics-Team regelmäßig überprüft werden.

4

Projekte effizient durchführen im Home- und Mobile Office: Die Katana-Methode im digitalen Zeitalter

Zusammenfassung Nicht erst die Corona-Krise hat gezeigt, dass es für Unternehmen immer wichtiger wird, Projekte auch unabhängig von persönlicher Anwesenheit aller Beteiligter durchzuführen. Seien es Unternehmen mit mehreren internationalen Standorten, die eine gemeinsame Software einführen, oder Unterstützung, die über Off- und Nearshoring ins Projekt geholt wird: Immer wieder müssen Menschen in Projekten remote – das heißt von verschiedenen Standorten aus der Ferne – zusammenarbeiten. (Als Offshoring oder Nearshoring bezeichnet man die Auslagerung bestimmter Tätigkeiten ins weiter oder weniger weit entfernte Ausland. Gerade im E-Commerce greift man gerne auf Entwickler und Entwicklerinnen aus Ost-Europa zurück, wenn man im Inland nicht genügend qualifizierte Mitarbeiter findet – was bei schnell wachsenden Start-ups keine Seltenheit ist.)

Die Beschreibungen der Katana-Methode beziehen sich größtenteils auf Teams, die auch physisch zusammenarbeiten können. Und wir geben zu: Wir sind grundsätzlich der Meinung, dass dies die Variante der Projektarbeit ist, die am besten funktioniert. Gerade unser Prinzip Klarheit (in der Kommunikation) lässt sich viel einfacher umsetzen, wenn alle Menschen, die miteinander kommunizieren, sich am selben Ort (am besten: im selben Raum) befinden.

J. Cholin, Y. Kraus, *Next Level Projektmanagement – die Katana-Methode*, https://doi.org/10.1007/978-3-662-62274-2_4

Die Möglichkeiten der digitalen Kommunikation bieten aber auch die Chance, Mitarbeiter und Mitarbeiterinnen zusammenarbeiten zu lassen, die nie am selben Ort sein können. Lässt man sich darauf ein, Projekte auch remote durchzuführen, erweitert man automatisch seinen Pool an hochqualifizierten Mitarbeitern. Denn die Voraussetzung „räumlich in der Nähe" fällt ganz einfach weg. In Zukunft werden wir uns aufgrund der Digitalisierung ohnehin daran gewöhnen müssen, dass Zusammenarbeit nicht immer physische Nähe bedeuten muss.

Wenn auch Sie Projekte mit Team-Mitgliedern an unterschiedlichen Standorten durchführen wollen oder einzelne Expertinnen und Experten remote hinzuholen möchten, ist dieses Kapitel für Sie. Wir zeigen Ihnen hier für jedes der fünf Prinzipien, wie es sich auch bei der Zusammenarbeit zum Beispiel aus dem Home-Office heraus umsetzen lässt.

4.1 Unnötiges weglassen: Ablenkungen nicht neu entstehen lassen

Management Summary

Im Home-Office oder bei verteilten Teams fallen zwar einige Ablenkungen weg, aber es entstehen gerade im Home-Office auch neue, ganz alltägliche „Gefahrenquellen". Denn einige Ablenkungen bleiben einem auch dort nicht erspart: zu viele, nicht projektbezogene E-Mails, zu viele virtuelle Meetings, zu viele sonstige Aufgaben. Hier ist vor allem die eigene Disziplin gefragt, und auch ein paar Regeln für das Team können sehr dabei helfen, sich nicht (zu) sehr ablenken zu lassen.

Besonders kritisch sollte man bei der Überlegung bzgl. neuer Tools sein, da die gemeinsame Einarbeitung deutlich schwieriger wird. Zur gemeinsamen Planung hingegen empfiehlt sich sehr wohl ein einfaches Kanban-Tool, auf das alle Zugriff haben und welches zumeist intuitiv benutzt werden kann.

Versuchen Sie, wann immer es möglich ist, nicht nur zu telefonieren, sondern immer auch per Video-Call zu kommunizieren, damit Gestik und Mimik nicht verloren gehen.

Je stärker verteilt Ihr Team sitzt, desto geringer werden ganz automatisch bestimmte Ablenkungen: Meetings werden seltener abgehalten (oder kürzer), wenn nicht alle gemütlich mit Kaffee und Keksen im selben Raum sitzen, sondern an einem Schreibtisch die ganze Zeit in eine Kamera gucken müssen. Diese Arbeitsweise sorgt also quasi von selbst dafür, dass unser Prinzip „Unnötiges weglassen" eingehalten wird.

Den Vorteil, den Projekte zum Beispiel im Home-Office auf diese Weise mit sich bringen, sollten Sie natürlich nicht gleich wieder verspielen, indem Sie andere Ablenkungen zulassen. Mitarbeiterinnen und Mitarbeiter, die von zuhause aus arbeiten, werden automatisch durch andere Dinge herausgerissen, sei es durch andere anwesende Familienmitglieder oder durch das Leben, das um sie herum passiert (Postzusteller, Nachbarn, die Wäsche will gemacht werden). Die Trennung von Beruflichem und Privatem ist gerade im Home-Office häufig schwierig – und hält viele Entscheider davon ab, es den eigenen Team-Mitgliedern zuzugestehen, von zuhause aus zu arbeiten. Zudem sind die Arbeitsbedingungen oftmals nicht so optimal wie im Büro, angefangen bei einem guten Bürostuhl und großen Monitoren bis hin zu einer immer stabilen Verbindung zu den internen Servern, die man braucht, um seinen gewohnten Zugriff auf alle Dokumente und Systeme zu haben.

Und im Büro kann einem eine arbeitsame Atmosphäre dabei helfen, dass man auch selber diszipliniert ans Werk geht (oder aber auch mal der strenge Blick des Vorgesetzten, wenn die Pausen doch zu lange und zu oft waren). Was auch immer einen zum disziplinierten Arbeiten motiviert: Wenn man nicht in einem Büro sitzt, sondern zuhause, muss man es sich komplett alleine erarbeiten.

Und dabei helfen klare Regeln, die man sich selbst auferlegt oder besser noch vorab gemeinschaftlich im Team beschließt. Vereinbaren Sie mit Ihren Teamkollegen, dass es feste, störungsfreie Zeiten gibt, in denen Sie keine Mails beantworten, der interne Messenger nur für Notfälle genutzt wird und auch keine Videokonferenzen stattfinden. Legen Sie gemeinsam mit dem Team fest, dass z. B. der Vormittag ausschließlich zum Bearbeiten der jeweiligen Projektaufgaben genutzt wird. Ein kurzer Check der E-Mails und notwendige Fragen werden einmal kurz am Anfang des Arbeitstages bearbeitet, der gesamte restliche Vormittag gehört dem Projekt. All diese auf das verteilte Arbeiten bezogenen Vereinbarungen schreiben Sie gemeinsam vorab mit allen anderen Vereinbarungen ins Commitment-Sheet, wenn es remote arbeitende Kolleginnen oder Kollegen im Team gibt.

Und natürlich gilt dieser Fokus auch gegenüber den privaten Verpflichtungen, wenn Sie zuhause arbeiten. Der Wäscheberg oder das Aufräumen der Küche wird auf die Mittagspause oder den Abend verschoben. Diese strikte Trennung müssen Sie beim Home-Office immer wahren. Auch im Home-Office bleibt es das oberste Ziel, so viel Zeit wie möglich in die Erledigung der Projekt-Aufgaben zu stecken und dabei möglichst effektiv zu sein, indem man durch Ruhe und Fokus auf eine einzige Aufgabe ohne äußere Ablenkungen hoch konzentriert daran arbeitet.

Eine wirkliche Herausforderung für verteilte Teams ist die Einführung neuer Tools. Diese muss man sich nun selber beibringen, bestenfalls durch das Anschauen endloser Tutorials oder unverständlicher PDFs. Denn die kurze Frage und das kurze gemeinsame Erklären und Zeigen am PC mit dem Kollegen am Nachbarschreibtisch wird ohne Ortsnähe schon deutlich schwieriger, wenn man nicht (mehr) nebeneinander sitzt. Jede noch so kleine Frage erfordert jedes Mal den Einsatz irgendeines Kommunikationsmittels. Daher gilt es umso mehr, sich sehr gewissenhaft zu überlegen, ob man in einer solchen Situation ein neues Tool einführen möchte. Und falls es wirklich sein muss, muss man sich bei der Einführung die allergrößte Mühe geben, damit es nicht zu Frust und Zeitverschwendung im Team führt.

Einer der größten Unterschiede, wenn man als Team nicht in einem Büro zusammensitzt, ist die Art und Weise der Kommunikation, die im Team stattfindet. Die natürlichste Art, nämlich das einfache, persönliche Besprechen, muss nun bei jeder noch so kleinen Gelegenheit durch Tools unterstützt werden, durch Telefon, Videokonferenzen, Messenger, Mails usw. Dadurch wird die Bedeutung von Klarheit in der Kommunikation bei rein virtuellen Konferenzen noch entscheidender. Versuchen Sie, wann immer es möglich ist, vor allem bei größeren Runden und komplizierten Sachverhalten, statt nur in einer Telefonkonferenz zusammen zu kommen, immer besser eine Videokonferenz aufzusetzen. Dies hat gleich zwei Vorteile: Wenn man sich sieht, bleibt die nonverbale Kommunikation zumindest ein gutes Stück weit erhalten und sorgt für mehr Verständnis und auch Akzeptanz des Gesagten. Und nebenbei führt es bei allen Beteiligten zu mehr Disziplin, denn am Telefon kann man deutlich einfacher im wahrsten Sinne des Wortes ungesehen abtauchen und nebenbei noch private WhatsApp-Nachrichten beantworten.

Ein großer Vorteil beim dezentralisierten Arbeiten ist, dass Sie PowerPoint-Präsentationen fast gänzlich weglassen oder zumindest erheblich reduzieren können. Denn es braucht keiner vorne zu stehen und möglichst lesbar, aber auch möglichst ansehnlich seine Inhalte zu präsentieren. Jeder sitzt an seinem oder ihrem Laptop und kann genauso gut ein zuvor geteiltes Word-Dokument durchgehen oder direkt selber in der Excel-Tabelle die neuesten Entwicklungen verfolgen.

Schwieriger wird es bei der gemeinsamen Planung im laufenden Projekt. Diese klappt nach unserer Erfahrung immer noch am besten, wenn man gemeinsam vor einem Board steht und gemeinsam besprechen kann, welche Tasks umgesetzt wurden, welche als nächstes angegangen werden und welche Schwierigkeiten bereiten. Glücklicherweise gibt es hier mittlerweile eine ganze Reihe von sehr einfachen und kostenlosen Tools, die wirklich eine Arbeitserleichterung darstellen, weil man eben auch gemeinsam auf ein virtuelles Board draufschaut, das jeder von seinem Platz aus bearbeiten kann (Stichwort: „kostenlose Kanban-Boards"). Vermeiden Sie aber, vor allem die anfängliche Planung in zu großer Runde vorzunehmen. Viel effizienter ist es, wenn sich ein Mitarbeiter alleine in abgestecktem Rahmen Gedanken zur Planung macht und erst dieser konkrete Vorschlag im Team besprochen wird.

Auch bei der Besprechung und Abnahme von fertig gestellten Tasks über die Distanz empfiehlt sich ein direkter, mündlicher Austausch. Der Dialog ist fast immer dem schriftlichen Feedback vorzuziehen. Eine Abnahme ist kein Diktat, das man unkommentiert zurückbekommen sollte. Es geht darum, das Erstellte gemeinsam anzuschauen, gemeinsam zu besprechen und zu hinterfragen und dabei auch offen für die Überlegungen des Gegenübers zu sein, der möglicherweise eine andere Herangehensweise gewählt hat, die zumindest gleich gut, vielleicht aber sogar besser sein könnte.

4.2 Transparenz: Wissen, was passiert

Management Summary

Wenn man gemeinsam ein Büro (oder mehrere angrenzende Büros) teilt, ist es relativ einfach, Transparenz herzustellen. Denn es fällt sofort auf, wenn man der einzige ist, der noch nicht seinen Status gemeldet oder bestimmte Informationen geliefert hat.

Arbeiten alle remote, ist es einfacher, sich zu verstecken und gar nicht erst zu melden, woran man gerade arbeitet oder wenn sich etwas verzögert. Umso wichtiger ist es, dass der Projektleiter von Anfang an auf gelebte Transparenz achtet. Dies bedeutet, persönlich immer wieder daran zu erinnern, dass alle erforderlichen Informationen geliefert werden.

Transparenz ist jedoch keine Einbahnstraße. Sie kann nur funktionieren, wenn nicht nur alle Informationen über ihre eigene Arbeit geben, sondern wenn sie sich auch aktiv darüber informieren, wo alle anderen gerade stehen. Dies erfordert Gewöhnung, da Mitarbeiter, die nicht im Büro arbeiten, sich erfahrungsgemäß von allen anderen abkoppeln. Regelmäßige Meetings (am besten per Videokonferenz) können hier Abhilfe schaffen.

Viele Chefs tun sich schwer damit, ihre Mitarbeiter und Mitarbeiterinnen aus dem Home-Office heraus arbeiten zu lassen, weil sie glauben, dass dann niemand mehr weiß, was überhaupt passiert. Und ein bisschen stimmt das auch.

Allerdings ist das nicht die Schuld der Team-Mitglieder, sondern die der Projektleitung. Denn Transparenz kann man auch über größere Entfernungen hin schaffen. Man muss nur wissen, wie.

Dabei ist das Prinzip Transparenz relativ einfach auch im Home-Office oder bei Nearshoring umzusetzen, wenn Sie es bereits für die Arbeit im Unternehmen selbst gut beherzigen. Wichtig ist nur, dass Sie von jetzt ab nur noch digitale Tools zum Teilen der Aufgaben nutzen, die am besten cloudbasiert sind, also von überall aus Zugriff ermöglichen.

Tipp

Mögliche Tools hierfür sind Asana, Meistertask oder Trello. Alle erlauben es, Tasks und größere Projekte online zu verwalten, zuzuordnen und so den Überblick zu behalten.

Die Einführung eines solchen einfachen Tools mit nur wenig Funktionalität ist also gar nicht schwierig (oder nicht einmal nötig, wenn Sie es vorher schon genutzt haben). Die größere Hürde bei der Transparenz über mehrere Standorte hinweg besteht darin, die Nutzung der Tools zu etablieren. Und zwar in zweierlei Hinsicht, wie wir im Folgenden vorstellen werden.

4.2.1 Befüllen der Projektmanagement-Tools zur Ermöglichung von Transparenz

Die erste Hürde, die Sie nehmen müssen, wenn Sie von verschiedenen Orten mit Ihrem Team an einem Projekt arbeiten, besteht darin, für Einsicht zu sorgen. Einsicht dafür, dass es genauso wichtig ist, transparent über den Status des Projekts und der Tasks zu berichten, wie es das im Büro ist. Die Herausforderung dabei ist, dass der soziale Druck wegfällt, wenn Ihre Mitarbeiter und Mitarbeiterinnen nicht mehr gemeinsam im Büro sitzen und vielleicht sogar gemeinsam Ihre Tasks einpflegen. Die Folge ist, dass viel häufiger vergessen wird, Status zu liefern oder über Probleme im Projekt zu berichten – einfach, weil die anderen, mit denen man zusammenarbeitet, nicht im selben Raum sitzen.

Die Lösung, die wir für dieses Problem vorschlagen, ist ganz einfach: Schaffen Sie Strukturen, die jedem einzelnen Team-Mitglied nicht nur zeigen, was an Informationen geliefert werden soll, sondern auch, wann. Eine Möglichkeit besteht zum Beispiel darin, einen festen gemeinsamen Termin zu erstellen, an dem alle ihren Projektstatus in derselben Form melden. Die Projektleitung kann dann anschließend sofort überprüfen, ob alle die Anforderungen erfüllt haben – und bei denen nachhaken, die das noch nicht getan haben.

Natürlich können Sie auch mit Ampelsystemen und Warnungen arbeiten, die die Angestellten darauf hinweisen, dass noch nicht alle Informationen übermittelt wurden. Der Nachteil hier ist unserer Erfahrung nach aber ein Gewöhnungseffekt: Die erste rote Ampel ist für die meisten noch ganz schrecklich, aber wenn es erst mal fünf davon und noch ein paar Ausrufezeichen gibt, fällt es plötzlich ganz leicht, das Ganze zu ignorieren.

Haken Sie also lieber immer persönlich nach, auch wenn das einen größeren Aufwand bedeutet.

4.2.2 Nutzen der Projektmanagement-Tools, um selbst den Überblick zu behalten

Transparenz funktioniert immer in zwei Richtungen. Sie hilft ihrem Projekt nur dann, wenn alle Team-Mitglieder immer alle Informationen haben, die sie benötigen. Für die Arbeit im Home-Office oder an mehreren Standorten gilt: Von selbst wird da nichts passieren. Denn Menschen orientieren sich vor allem an ihrer direkten Umgebung und beschäftigen sich in einer solchen Arbeitssituation vor allem mit ihren eigenen Aufgaben. Anders als im Büro ist es auch nicht so einfach, Informationen zu übermitteln, weil man sich nicht ständig über den Weg läuft.

Als Projektleiter müssen Sie sich also bewusst dafür einsetzen, dass alle Team-Mitglieder jederzeit alle erforderlichen Informationen haben.

Erwarten Sie dabei nicht, dass Mitarbeiter sich proaktiv Informationen aus den entsprechenden Tools ziehen. Dafür haben sie viel zu viel zu tun. Auch E-Mails werden eher überflogen, wenn sie keinen direkten Bezug zur eigenen Arbeit haben.

Tipp

Erfahrungsgemäß ist es optimal, regelmäßig Meetings per Videokonferenz einzuberufen, um alle auf denselben Stand zu bringen. Am besten beauftragen Sie reihum unterschiedliche Team-Mitglieder mit der Moderation dieser Meetings, sodass sich alle daran gewöhnen, die Tools nicht nur zur Informationsabgabe, sondern auch zur Informationsgewinnung zu nutzen.

4.3 Einfach mal machen: Die Umsetzung immer im Blick

Management Summary

„Einfach mal machen" als Prinzip begegnet zu hause anderen Hindernissen, kann dort aber genauso gut beherzigt werden. Auch hier sollte man nach kurzer Planungsphase direkt anfangen, die ersten Tasks umzusetzen. Die Netto-Arbeitszeit und das unterbrechungsfreie Arbeiten bekommen im Home-Office das größte Augenmerk, denn die familiäre Situation und die Wohn-Situation können einem einige Steine in den Weg legen, „einfach mal seine Aufgaben zu machen". Aber mit der Pomodoro-Technik und einigen Team-Regeln vor allem bzgl. der Kommunikation lässt sich ein hohes Maß an Effizienz erreichen.

Das Prinzip des „Einfach mal machen" lässt sich sehr gut auch im Home-Office umsetzen. Denn egal wo die Planung erstellt und ausgearbeitet wird, immer gilt es, einem agilen Ansatz folgend nur in einem zeitlich eng abgesteckten Rahmen zu planen und möglichst schnell an die eigentliche Umsetzung zu gehen.

Auch hier können Sie eine Netto-Arbeitszeit für zuhause mit allen vereinbaren, nur bei der Einhaltung müssen Sie allen vertrauen, dass sie auch unter schwierigeren heimischen Verhältnissen eingehalten wird. Hilfreich für alle am Projekt Beteiligten im Büro, aber noch mehr im Home-Office, ist die Anwendung der sogenannten Pomodoro-Technik, bei der es vor allem darum geht, mit Hilfe einer simplen Küchenuhr einen begrenzten Zeitraum sehr konzentriert an einer Sache zu arbeiten, nach der Zeit aber auch auf jeden Fall eine kurze Pause zu machen. Auch für zuhause empfehlen wir einen etwas längeren Zeitraum zum Arbeiten von 60 bis maximal 90 Minuten.

Tipp

Sollten solche konzentrierten Phasen zuhause aufgrund der persönlichen Umstände nicht möglich sein, sollte zumindest als Experiment für einen Monat ein Schreibtisch in einem Coworking-Space ausprobiert werden. Diese gibt es schon ab ca. 150 € im Monat und sie können ein sehr guter Kompromiss aus Home-Office und Büro sein, da man Bürogemeinschaften oftmals in unmittelbarer Nähe zum eigenen Wohnort findet und trotzdem die professionelle Atmosphäre und auch Ausstattung eines Büros hat.

Eine wirklich übergeordnete Rolle bekommen die Regeln zur Kommunikation, um ein unserem Prinzip entsprechendes, unterbrechungsfreies Arbeiten zu ermöglichen. Vor allem sollten Sie vorab im Team klären, wie Kommunikation stattfindet. Also beispielsweise kurze und zeitunkritische Fragen, sofern möglich, erst mal sammeln und dann später gebündelt stellen und diese eher per Messenger als über einen (Video-) Anruf stellen, weil es weniger beim Arbeiten herausreißt. Denn stellen Sie sich vor, dass in Ihrem 8 Personen starken Team jeder im Durchschnitt auch nur eine Frage oder einen Kommentar pro Stunde hat, den er oder sie im Messenger ans Team postet, dann sind dies nicht mal 8 Minuten, die unterbrechungsfrei ablaufen. Denn auch wenn eine Frage oder ein Kommentar wichtig ist, nur wenn es auch dringend ist, darf es sofort ans Team gehen. Ansonsten werden diese Fragen erst in den mit dem Team vereinbarten Slots gestellt. Bis dahin erledigen sich oft auch Fragen, die vorher sehr wichtig erschienen.

4.4 Klarheit: Wie Sie auch aus der Ferne den Überblick behalten

Management Summary

Kommunikation und Strukturen sind viel einfacher klar zu halten, wenn alle am selben Ort sitzen. Man kann persönlich miteinander sprechen und sieht sofort, wer zum Team gehört und wen man bei Entscheidungen ansprechen sollte.

Sitzt das Team verteilt oder im Home-Office, muss man entsprechende Lösungen bereitstellen. Vor allem in der Kommunikation muss man darauf achten, dass die Möglichkeit für Feedback besteht und dieses aktiv eingefordert wird. Für besonders wichtige Informationen sind synchrone Kommunikationsformen (Videokonferenz, Telefon) zu bevorzugen. Für das Projekt ist es außerdem besser, wenn unterschiedliche Kommunikationswege offen sind, da nicht jeder Mensch sich mit jeder Form der Kommunikation gleich wohl fühlt.

Auch digital können Strukturen eines Teams abgebildet werden. Dies kann zum Beispiel die Software Slack, die dazu gedacht ist, die Kommunikation verteilt sitzender Teams zu erleichtern. Auch regelmäßig stattfindende Termine zum Austausch stärken die Struktur in digitalen Teams.

Unter dem Prinzip Klarheit haben wir Ihnen vorgestellt, dass es für den Projekterfolg unerlässlich ist, Klarheit in der Kommunikation und in den Strukturen zu haben. Beides wird deutlich schwieriger, sobald nicht mehr alle Team-Mitglieder am selben Ort sitzen. Die Kommunikationswege ändern sich, und manchmal arbeiten die verschiedenen Mitarbeiter und Mitarbeiterinnen nicht mal zur selben Zeit.

Gleichzeitig geht durch das dezentrale Arbeiten auch der Blick für die Strukturen im Unternehmen verloren. Wahrscheinlich sind in Ihrem Unternehmen Büros und Sitzplätze so angeordnet, dass alle, die zusammen an einem Thema arbeiten, sich schnell finden und sprechen können. Jedem Team-Mitglied ist auf einen Blick klar, wer zusammengehört. Je mehr Menschen zuhause an ihrem Computer oder auch in Auslandbüros sitzen, desto weniger klar ist es, wer zu wem gehört und welche Ansprechpartner die richtigen sind.

Eine räumliche Struktur, wie wir alle sie vom Arbeiten und auch aus dem privaten Umfeld gewohnt sind, müssen Sie für das digitale Arbeiten von zuhause nachbilden, um die Klarheit im Projekt zu behalten.

4.4.1 Digital klar kommunizieren – worauf Sie achten müssen

Um Kommunikation auch über große räumliche Entfernungen hinweg klar zu organisieren, ist es wichtig, dass Sie sich den Unterschied zwischen synchroner und asynchroner Kommunikation noch einmal vergegenwärtigen.

Synchrone Kommunikation findet – der Name sagt es schon – gleichzeitig statt. Der Empfänger erhält die Nachricht genau in dem Moment, in dem der Sender sie übermittelt. Typische Beispiele für synchrone Kommunikationsformen sind:

- das persönliche Gespräch,
- ein Telefongespräch,
- eine Videokonferenz.

Bei asynchroner Kommunikation bestimmt der Empfänger selbst, wann er die Nachricht empfängt. Das kann er zum Beispiel bei folgenden Kommunikationswegen tun:

- E-Mails,
- Sprachnachrichten.

Vielleicht fragen Sie sich jetzt, wo Chats und Messenger abgeblieben sind. Tatsächlich handelt es sich bei beiden um Mischformen. Sie haben das Potenzial für asynchrone Kommunikation (die Nachrichten werden aufgezeichnet und können also zu einem beliebigen späteren Zeitpunkt eingesehen werden), werden aber häufig synchron verwendet: Die kommunizierenden Parteien sitzen gleichzeitig an ihren Endgeräten und sprechen quasi in Echtzeit miteinander.

Nach diesem kurzen Ausflug in die Kommunikationswissenschaften wird vielleicht schon klar, vor welcher Schwierigkeit Projekte in Bezug auf Klarheit in der Kommunikation stehen: Synchrone Kommunikationswege funktionieren selten störungsfrei und sind von technischen Hilfsmitteln abhängig. Und bei asynchroner Kommunikation fehlt das für den Sender so wichtige Feedback von seinem Gegenüber.

Beispiel: Unterschiede zwischen Präsenz- und Online-Meetings

Sie möchten als Projektleiterin Ihrem Team mitteilen, dass es eine gesetzliche Änderung gegeben hat, die Änderungen für bestimmte Projektspezifikationen mit sich bringt. Diese haben natürlich absolute Priorität, da Sie sonst für Ihr Unternehmen hohe Strafen riskieren.

> In einer gewöhnlichen Situation würden Sie Ihr Team zusammentrommeln und vielleicht eine kurze Präsentation zum Thema halten. Sie würden erklären, was sich wo genau ändert. Und könnten in den Gesichtern Ihres Teams erkennen, ob die Information angekommen ist (bzw. was die viel bessere Variante ist: Sie könnten nachfragen).
>
> Leider können Sie Ihr Team nicht zusammentrommeln. Zwei Mitarbeiter arbeiten im Home-Office und eine Programmiererin arbeitet von Neuseeland aus. Ein Call oder eine Videokonferenz fallen also auch aus. Da Sie nicht alles mehrfach erklären wollen, entschließen Sie sich für eine E-Mail. Sie beschreiben alle Änderungen und bitten darum, dass sich Ihr Team bei Fragen meldet.
>
> Es kommen keine Fragen.
>
> Und je nachdem, wie viel Erfahrung Sie mit Projekten dieser Art haben, schlafen Sie in dieser Nacht besonders gut oder besonders schlecht.

Das Beispiel zeigt noch einen weiteren wichtigen Punkt, den Sie bei der Kommunikation in remote durchgeführten Projekten beachten müssen: Asynchrone Kommunikation an Gruppen erreicht die Empfänger nie so gut wie synchrone Kommunikation oder auch wie eine 1:1-Kommunikation. Es ist ein bisschen so, als ob Sie ein Plakat in der Büroküche aufhängen. Die meisten sehen es schon, lesen auch mal drüber, aber sie fühlen sich nicht unbedingt direkt angesprochen.

Wenn Sie also für Klarheit in der Kommunikation sorgen wollen, befolgen Sie am besten diese Tipps:

1. Ziehen Sie synchrone Kommunikation immer der asynchronen Kommunikation vor, wenn Sie wirklich wichtige Informationen übermitteln wollen. Asynchrone Kommunikation eignet sich als Begleitung und Unterstützung, wenn Sie beispielsweise Unterlagen zum Nachschlagen weiterleiten. Wirklich durchdringen können Sie aber vor allem, wenn Sie sich der vollen Aufmerksamkeit Ihres Gegenübers bewusst sind – und das ist synchron viel eher der Fall.
2. Achten Sie auf ausreichend Feedback-Möglichkeiten und fordern Sie Feedback verstärkt aktiv ein. Fragen Sie noch häufiger nach, ob alles verstanden wurde.
3. Bauen Sie in asynchrone Kommunikation sogenannte Call-to-Actions ein. Fordern Sie die Empfänger aktiv dazu auf, etwas zu tun, nachdem

Sie Ihre Nachricht erhalten haben. Im Beispiel oben könnten Sie ihre Team-Mitglieder dazu auffordern, Ihnen einen angepassten Plan zu schicken. Dann wendet jeder schon die neue Information an und Sie haben gleichzeitig die Chance, Missverständnisse zu erkennen und gegebenenfalls auszuräumen.

4. Bieten Sie verschiedene Kommunikationsformen für unterschiedliche Mitarbeitertypen an. Manche Menschen lieben die Dynamik und den Umfang von Slack, andere sind damit überfordert und sprechen lieber direkt mit ihren Mitmenschen. Berücksichtigen Sie dies in der Planung und zwingen Sie nicht alle in dieselben Formen – auch wenn dies einen erhöhten Aufwand bedeutet.

Tipp

Die Formulierungen „War das gut zu verstehen?" oder „Habe ich alle Punkte verständlich erklärt?" laden viel eher zu Feedback ein als Formulierungen wie „Gibt es noch Fragen?", weil Sie mit den ersten beiden Varianten bei sich bzw. beim Gesagten bleiben. Noch besser sind offene Fragen, also zum Beispiel: „Welche Punkte habe ich noch nicht verständlich genug formuliert?" Hierauf kann man nämlich nicht einfach den Kopf schütteln oder schweigen, sondern man muss sich aktiv mit dem Gesagten auseinandersetzen.

4.4.2 Digitale Strukturen aufbauen

Wenn Sie auch digital dafür sorgen wollen, dass Ihre Team-Mitglieder sich zurechtfinden – also sozusagen an einem Tisch sitzen – müssen Sie entsprechende Strukturen aufbauen. Sie können dafür von den verschiedenen Social-Media-Kanälen lernen, die vor ganz ähnlichen Problemen standen.

Facebook ist beispielsweise ohne jegliche Hierarchie aufgebaut. Verbindungen ergeben sich durch persönliche Beziehungen und sind dynamisch. So ähnlich funktioniert es auch, wenn Sie mit Menschen zusammenarbeiten, die sich an unterschiedlichen Orten befinden. Die meiste

Zeit sind alle allein unterwegs, bis sich Einzelne verbinden und miteinander kommunizieren.

Was fehlt, ist jedoch eine gemeinsame Basis. Ein Zugehörigkeitsgefühl zu etwas Größerem. Facebook hat dies durch Gruppen gelöst. Sie können sich beliebig vielen Gruppen anschließen, die eine Einheit bilden und ein gemeinsames Ziel verfolgen.

Auch viele moderne Office-Kommunikationsmittel bieten diese Möglichkeit, allen voran das vorhin bereits erwähnte Slack. Sorgen Sie also dafür, dass Mitarbeiter und Mitarbeiterinnen, die einem Team angehören, auf jeden Fall eine gemeinsame Gruppe haben.

Sie können dies aber auch durch andere Mittel erreichen. Beispielsweise können Sie täglich einen synchronen Kommunikationstermin zum Austausch erstellen, an dem alle teilnehmen. Auch dies klärt die Struktur und stärkt die Entscheidungswege – denn es kann nur dann etwas von der richtigen Person entschieden werden, wenn diese darüber Bescheid weiß.

4.5 Erwachsene wie Erwachsene behandeln: Vertrauen ist der Schlüssel

Management Summary

Gerade im Home-Office muss man seinem Team deutlich mehr vertrauen, als man es im Büro muss. Aber die Situation bietet auch große Möglichkeiten, Freiheiten und Vertrauen zu gewähren und dafür ein Mehr an Einsatz und Zufriedenheit zurückzubekommen. Daher sind flexible Arbeitszeiten und ein sehr regelmäßiger, teaminterner Austausch noch viel entscheidender als beim Arbeiten im gemeinsamen Büro.

Das Home-Office zwingt einen quasi dazu, Erwachsene wie Erwachsene zu behandeln, und wirkt wie ein Katalysator für mehr gegenseitiges Vertrauen. Denn durch die dezentrale Arbeitssituation ergeben sich weniger Kontrollmöglichkeiten, sodass Sie Ihren Team-Mitgliedern einfach deutlich mehr vertrauen müssen.

Wenn also situationsbedingt die Rechte der Mitarbeiter größer werden müssen, steigen damit auch die Pflichten der Mitarbeiter. Und dies ist eigentlich eine sehr erstrebenswerte Situation, denn genau so sollte es sein: Viele Rechte, aber auch viele Pflichten und ein hohes Pflichtbewusstsein. Frei wählbare Arbeitszeiten sind im Home-Office ein zentraler Punkt. Gewähren Sie gerade dann flexible Arbeitszeiten, damit jeder für sich die beste Kombination aus Arbeit und privaten Verpflichtungen finden kann, nur feststehende, gemeinsame Video-Konferenzen bilden dann noch die Ausnahme.

Home-Office oder gemeinsam im Büro: Bestenfalls spielen die Arbeitszeiten nur noch eine untergeordnete Rolle, weil es vor allem um das Schaffen von Projekt-Aufgaben geht, in der angemessenen und zuvor korrekt beschätzten Zeit und in der richtigen Qualität.

Gerade anstrengendere persönliche Verhältnisse im Home-Office, kleine Kinder mit wenig Verständnis für längere konzentrierte Arbeitsphasen, häusliche Verpflichtungen, private Anrufe zusätzlich zu den Anrufen aus dem Büro, Sturm klingelnde Paketboten und vieles mehr beeinflussen die Möglichkeiten des Einzelnen im Home-Office stark. Beharren Sie daher nicht darauf, dass Arbeitstage wie im Büro zu einer bestimmten Uhrzeit enden müssen und bis dahin die Ergebnisse des Tages vorliegen müssen. Wenn jemand erst konzentriert arbeiten kann, wenn eine abendliche Ruhe eingekehrt ist, so ist dies entsprechend unserem Prinzip genauso in Ordnung wie jede andere Uhrzeit, solange die persönlichen Commitments eingehalten werden und kein Kollege im Team unnötig warten muss oder gezwungen wird, deshalb auch einen Teil seiner oder ihrer Arbeitszeit auf den Abend zu legen.

Die Haftbarkeit, die Accountability für die Erledigung einer Aufgabe hat Bestand, egal wann am Tag der Betreffende sie erledigt. Wenn alle im Team dieses Verständnis haben, kann Home-Office ein echtes Plus für die Work-Life-Balance werden. Daher ist es wichtig, sowohl vor dem Projekt wie auch im laufenden Projekt dieses Verständnis immer wieder aktiv anzusprechen und, falls nötig, auch aktiv einzufordern. Um die Wichtigkeit von Aufgaben und Projektzielen zu vermitteln, ist bei remote arbeitenden Team-Mitgliedern deutlich mehr Einsatz des Projektleiters gefordert. Denn man sitzt eben nicht mehr zusammen und sieht immer sein ganzes Team, wie alle gemeinsam am Projektziel arbeiten. Man sitzt zuhause oder irgendwo sonst an seinem Arbeitsplatz und da kann der ein oder andere mit der Zeit schon mal etwas aus dem Blick geraten. Denn angemessene Rücksichtnahme auch auf persönliche Befindlichkeiten, das „Kümmern“ um jedes Team-Mitglied, das Versorgen mit Informationen, das „Abholen“ jedes Einzelnen, all das ist im Home-Office naturgemäß schwieriger. Es ist daher noch wichtiger als im Büro, proaktiv auf die Mitarbeiter zuzugehen, vor allem auf die zurückhaltenden und schüchternen unter ihnen.

Gerade wenn jemand für lange Zeit oder sogar dauerhaft vom Home-Office aus arbeitet, besteht immer die Gefahr des Zurückfallens in eigene Automatismen und Glaubenssätze. Denn es gibt kein Korrektiv durch die soziale Kontrolle des Teams und der Vorgesetzten, sodass sich eigene Schwächen verstärken können.

Und die Distanz erschwert den Umgang mit Pessimisten und Motzern. Hier hilft nur ein sehr regelmäßiger und auch sehr offener Austausch des gesamten Teams, den der Projektleiter aktiv einfordern muss. Um zu verhindern, dass ein Nörgler den Rest des Teams mit seiner negativen Energie ansteckt, hilft eine sofortige, zumindest kurzzeitige Erhöhung der Frequenz der Video-Calls, das aktive Einbeziehen des entsprechenden Team-Mitglieds in den fachlichen Gruppendiskussionen und das direkte Ansprechen in 1:1-Geprächen.

5

Fazit

Zusammenfassung Die Katana-Methode ist ein ganzheitlicher Ansatz, der mit seinen 5 Grundprinzipien dazu beiträgt, Projekte effizienter und für alle Beteiligten zufriedenstellender zu gestalten. Jedes einzelne Prinzip für sich bewirkt bereits eine Verbesserung im Projekt. Gemeinsam entfalten sie ihre gesamte Wirkung. Und das nicht nur in der Projektarbeit, sondern auch als Management-Ansatz, mit dem Sie die Strukturen Ihres gesamten Unternehmens überarbeiten und bewusst agiler gestalten können. Je verbreiteter und selbstverständlicher die Prinzipien im Unternehmen sind, desto größer wird auch der Effekt der Methode im einzelnen Projekt.

Wie alle Methoden und Change-Prozesse benötigt auch die Katana-Methode Anlaufzeit und den Willen aller, Veränderungen nicht nur mitzutragen, sondern aktiv mitzugestalten. Die strukturellen Veränderungen, die dadurch ausgelöst werden, unterstützen das Unternehmen dauerhaft und verschaffen ihm einen nachhaltigen Wettbewerbsvorteil. Daher handelt es sich hier nicht einfach um eine weitere Projektmanagement-Methode, von denen es schon so viele gibt, sondern sie ist ein Vehikel, das Ihr Unternehmen aufs nächste Level heben kann.

J. Cholin, Y. Kraus, *Next Level Projektmanagement – die Katana-Methode*,
https://doi.org/10.1007/978-3-662-62274-2_5

Oft sind es die kleinen Dinge, die viel bewirken, und genauso ist es mit diesem Management-System. Die Konzentration auf die fünf Grundprinzipien führt automatisch zu mehr Effizienz und zum Fokus auf das Wesentliche. Daher eignet sich dieser Ansatz so gut für die Projektarbeit. Genauso hilft er aber auch dabei, grundsätzlich die Management-Strukturen Ihres Unternehmens zu optimieren. Tatsächlich sind die Effekte für einzelne Projekte umso ausgeprägter, je mehr die Prinzipien allen Mitarbeitern und Mitarbeiterinnen in Fleisch und Blut übergehen und eben nicht nur als Ausnahmeerscheinung für ein einzelnes Projekt angesehen werden.

Ein Selbstläufer ist unser System natürlich auch nicht. Vielmehr werden hierdurch strukturelle Veränderungen ausgelöst, die einer gewissen Anstrengung bedürfen. Daher ist es zwingend notwendig, nicht nur mit ausreichender Überzeugung hinter der Einführung dieser Methode zu stehen, sondern auch die Handlungsbefugnis zu haben, Prozesse im Unternehmen entsprechend umstellen zu können. Die Erfahrung aus der Praxis zeigt, dass die Investitionen, die anfangs für diese Umstellung getätigt werden müssen, sehr schnell durch die höhere Effizienz aufgewogen werden.

Im Sinne des Prinzips „Unnötiges weglassen" bleibt an dieser Stelle für uns nur noch, Ihnen viel Erfolg in der Praxis zu wünschen und viele gelungene Projekte und effizient verbrachte Arbeitsstunden mit unserer Methode.

Printed in Germany
by Amazon Distribution
GmbH, Leipzig

21578748R00080